移植與蛻變
國防部一九四六工作報告書

（一）

Transplantation and Metamorphosis

Ministry of National Defense Annual Report, 1946

- Section I -

陳佑慎　主編

導言

陳佑慎 國家軍事博物館籌備處史政員
國防大學通識教育中心兼任助理教授

一、重返歷史現場

如果我們穿梭時空，回到 1946 年中華民國國防部的歷史現場，會看到什麼樣的景象？那一年的 6 月 1 日，在美國軍事顧問協助下，國防部正式在南京成立。而國防部雖然剛剛成立，工作已經十分緊張忙碌，經常和各級國軍指揮單位函電交馳，調度數百萬部隊清剿共產黨武裝，執行所謂的「綏靖作戰」。在不久之後，綏靖作戰改換為後人更熟知的名稱——「戡亂作戰」。

國防部作為調度數百萬國軍部隊的樞紐，營區內的景象，讓人們很容易將她與大時代的波瀾連結起來。營區座落於南京市黃埔路的北端盡頭，面積大約 2.3 公頃，四周由圍牆包覆。從警衛森嚴的大門進入，往北前行，很快映入眼簾的是廣場，以及坐北朝南、醒目的大禮堂。禮堂為挑高建築，主入口由三個拱門構成，飾以兩層樓高的歐式古典風格長柱。三角形剖面屋頂之上，則為高聳的鐘樓，豎立著青天白日滿地紅國旗迎風招展。禮堂、廣場都是抗日戰爭爆發前的原南京中央陸軍軍官學校設施。抗日戰爭結束之初、國防部成立以前，1945 年 9 月 2 日，同盟國中國戰區陸軍總司令部曾在禮堂舉行了盛大的受降典禮。國防部成立以後，禮堂依舊是辦理大型集會的場所，包括 1948 年 8 月 3 至 7 日召開，中樞在南京「最後的一次」[1] 軍事檢討會議。

視野離開禮堂和廣場，一眼望去綠樹成蔭，建築群櫛次鱗比。建築群主要由歐式樓房十數棟，歐式平房數十間構成，它們絕大多數也是原中央陸軍軍官學校的校舍。國民政府主席（1948 年 5 月 20 日以後為總統）蔣介石的官邸「憩廬」隱身其間，官邸一旁有棟指揮所，指揮所內設置幕僚作業區，以及拉門隔出的地圖室。每天夜晚，侍從室參謀（時稱國民政府參軍處軍務局，後改稱總統府第三局）人員彙整各戰區當日最後戰況，標示於地圖室的大地圖之上，以備蔣不定時來瞭解。戰況緩和之日，蔣大約上午、下午各前來一次。戰況吃緊之刻，則不定時前來，且經常於地圖室召集國防部或其他高級軍事單位人員開會，討論軍略大計，此即所謂官邸會報。[2] 蔣介石公子蔣緯國日後形容，這裡就是當時的「全國軍事最高領導中樞」。[3]

蔣介石為數百萬國軍的核心，蔣氏官邸甚至被形容作「全國軍事最高領導中樞」。但如果我們將國軍的

---

1 宋希濂，《鷹犬將軍：宋希濂自述》（北京：中國文史出版社，1986），頁 268。

2 于豪章口述，國防部史政編譯局資料整理，《七十回顧》（臺北：國防部史政編譯局，1993），頁 114-115。另參見張瑞德訪問，林東璟、吳餘德紀錄，〈錢漱石先生訪問紀錄〉，黃克武等訪問，《蔣中正總統侍從人員訪問紀錄》（臺北：中央研究院近代史研究所，2012），上冊，頁 293。

3 汪士淳，《千山獨行：蔣緯國的人生之旅》（臺北：天下文化，1998），頁 114。

最高統帥組織比喻作一顆「大腦」，[4] 那麼，國防部的部長、參謀總長以及各廳局三千餘名參謀軍官，乃是構成大腦不可或缺的腦細胞。畢竟，蔣主持官邸會報，參加者大多數是國防部的參謀軍官。蔣不論作成什麼樣的判斷，大部分還是根據國防部第二廳（情報廳）、第三廳（作戰廳）參謀軍官所提報的資料，再加上參謀總長、參謀次長的綜合分析與建議。蔣倘若下令發動某方面的攻勢，第二廳參謀軍官就要著手準備各種敵情判斷，第三廳參謀軍官必須擬出攻擊計畫，第四廳（後勤補給廳）參謀軍官忙於籌措糧秣補給、彈藥集積，新聞局（1948 年 2 月改稱政工局）參謀軍官則得規劃各種文宣、心戰及軍民關係事宜。

國防部是參謀軍官活躍的舞台。即國防部長、參謀總長本人，也是參謀的一份子。尤其，蔣介石以國家元首身分統率陸海空軍，行事親力親為，並不像歐美國家元首主要以象徵形式行使統帥權，遂有人認為「國防部長與參謀總長本身為幕僚地位」，「按諸現行軍事制度，僅（國民政府）主席有命令及指揮權」。[5] 然而，蔣本人對國防部各廳、局送呈的擬案可以修正或否決，蔣的侍從室對國防部擬案也經常簽註異見，惟最後裁決往往還是離不開原本送呈的擬案。於是，重大作戰的戰略研討，郭汝瑰這樣的潛伏共諜利用國防部第三廳職

4 19 世紀末，著名英國軍事史家 Spenser Wilkinson 曾以「軍隊之腦」譬喻德國參謀本部的作用。

5 「陳誠上蔣中正呈」（1946 年 6 月 18 日），《蔣中正總統文物》，國史館藏，典藏號：002-080200-00307-088。

位（1947 至 1949 年間，兩度出任廳長），有辦法惡意引導蔣作出錯誤決策；儘管，郭位階之下的其他參謀軍官，亦可能不畏權勢地提出反對意見，不惜與上級面紅耳赤爭吵。[6] 又或者，國防部發出文件，指導前方指揮官應付共軍戰術的對策，但這些對策文字很可能係由中校、少校一類的「小參謀」靠著「意想」撰寫。[7] 可以想見，統帥、大小參謀間能否齊心齊力工作，因人事時空環境差異，排列組合繁多，著實一言難盡；而關係國軍「大腦」健全與否，卻是無庸懷疑。

與蔣介石官邸比鄰而居，同在國防部營區內的數十棟歐式樓房、數十間歐式平房，裡頭各種不同部門、功能的辦公處所，便是各種國防部提報、擬案落筆寫成的地方。幾乎是每個工作天，國防部參謀軍官有人伏案研擬資料，有人用電話、電報收集並彙整前線戰情。也總有一處或數處的會議室，正在舉行大大小小的會議或會報。其中，頻繁舉行的作戰會報，氣氛最為嚴肅，主要由參謀總長主持，有時候蔣介石本人甚至親自到場督導。[8] 1947 年秋以後，參謀總長辦公室為了加強軍事指揮效率，更好地進行作戰會報的準備工作，還組織了較完善的新型兵棋室。兵棋室編制參謀軍官二十餘人，繪圖員和統計員若干。其內部有大長桌、十數個座位，擺

6 許承璽，《帷幄長才許朗軒》（臺北：黎明文化，2007），頁 106-120。

7 郭汝瑰，《郭汝瑰回憶錄》（成都：四川人民出版社，1987），頁 296。

8 陳佑慎，《國防部：籌建與早期運作（1946-1950）》（臺北：民國歷史文化學社，2019），頁 148-149。

設特製的十六塊圖板（各見方五公尺），圖板設滑軌可按需要拉出或推入，上面放置軍用地圖、膠片，用紅、藍色兵棋標示敵我態勢。[9] 用我們現在的話講，當時是沒有數位螢幕、數位指揮管制網路的年代，國防部在南京擁有全國設備最新穎的戰情中心。

當然，純就人數看來，國防部三千餘名參謀軍官中的很多人，並沒有直接參與到最急如星火的戰情工作。例如，國防部第一廳（人事廳）參謀可能忙於辦理軍官佐的銓敘，以及發布各種任免命令；第六廳（研究發展廳）參謀的桌上，可能是籌設原子能研究所、研製原子彈的宏遠計畫草案，而這些計畫並不追求在短時間內實現；史料局（1947 年 4 月改稱史政局）參謀則除了彙整各部隊機關送呈的戰鬥詳報、工作報告外，也有人負責國防部圖書館的日常運作。還有副官處（1947 年 3 月改稱副官局），編制員額不小，在部內一度僅次於管作戰的第三廳，則很像今天各級政府機關內的文書檔案單位，參謀們正在美國軍事顧問的協助下，推行文書改革、建立新式檔案制度。[10] 除非是作戰指揮命令一類的文件電報，因講究時效，有專設電務人員負責外，大多數的國防部文電收發、翻譯、打印、繕寫、保管、銷毀

9 唐伯威，〈關於國民黨軍參謀總長辦公室兵棋室的回憶〉，全國政協文史資料委員會編，《文史資料存稿選編》，第 15 冊：軍事機構（上）（北京：中國文史出版社，2002），頁 72-73。

10 「國防部副官局三十七年度重要業務計畫」，〈國防部所屬年度重要業務計畫〉，《國軍檔案》，國家發展委員會檔案管理局藏（下略），檔號：060.22/6015.6。另參見王柔德，〈國民黨軍隊中的美軍顧問〉，全國政協文史資料委員會編，《文史資料選輯》，總第 13 輯（北京：中國文史出版社，1961），頁 83-84。

等，均由副官處統一辦理。[11] 副官處製作並發出的國防部文件，鉛印精美，套著紅色大印，依層級遍發各個單位。[12] 只不過，這些文件在副官處接手製發以前，時常得經歷漫長的公文簽辦旅行，「如須會稿，常一月不能發出，甚至有遲至三月者」。[13]

歸根究底，國防部除了情報、作戰等特殊業務外，本質上也是一個龐大的官僚機構，惟當中「科員」多以「參謀」稱呼，辦事人員多穿著軍服爾。1948 年 3 月，國防部政工局局長鄧文儀甚至向蔣介石抱怨說，國防部「主管編制、人事、預算者似乎可以支配一切事務」。[14] 鄧的說法有無道理，我們還可以再細細推敲。但可以肯定一點，研究者倘若想要深刻地理解國防部如何運作，不能僅僅從情報、作戰指揮等有關工作著眼，還應當多多留意各式各樣的參謀軍官群體及其業務。

二、國防部成立的經過

換個角度思考，國防部能同時擔任戰情中心、龐大官僚機構的角色，也算是歷經多人耕耘，得之不易的成果。對照前一代人的光景，真有天壤之別。民國初年，北京（北洋）政府中央軍事制度仿自普魯士德國、日

11 〈國防部卅六年度下半年工作計劃（行政之部）〉，《國軍檔案》，檔號：060.22/6015。

12 王鼎鈞，《關山奪路：王鼎鈞回憶錄四部曲之三》（臺北：爾雅出版社，2005），頁 240。

13 「鄧文儀上蔣中正呈」（1948 年 3 月 12 日），《蔣中正總統文物》，國史館藏，典藏號：002-080102-00043-020。

14 「鄧文儀上蔣中正呈」（1948 年 3 月 12 日），《蔣中正總統文物》，國史館藏，典藏號：002-080102-00043-020。

本，設立參謀本部主管「軍令」，陸軍部主管「軍政」。但由於政局動盪，地方實力軍人割據，北京政府的政令難出都門，無論參謀本部抑或陸軍部，均聊備一格，長期無法發揮效用。它們既不可能作當時北洋軍隊的大腦，也還談不上「主管人事、預算者支配一切事務」這種層次的問題。

曾經擔任北京政府參謀本部科員與科長的胡寶華，在日後回憶：當時部內人員在上班時間根本無事可做，終日下棋看報，喝茶聊天，惟苦於欠薪累累，飢寒難耐，向上級索薪又是十索九空。[15] 甚至，1940 年代著名法學家錢端升探討民初政府體制，竟將參謀本部與國史館並列，認為它們「通常地位雖高，而其在實際政治上所能發生之效力，殊為有限」。[16] 此種情景，和它們師法的德國範本，簡直無法同語。軍令機關如此，軍政機關的情況也沒有好到哪裡去。1920 年代北京政府爆發欠薪風潮。據說，「問題最嚴重的當推陸軍部，軍人公然拍賣勳章、刺刀度日」。[17]

北京政府覆滅後，繼起執政的國民政府，軍事制度依舊受到普魯士德國的影響，在中樞設立參謀本部主管軍令，行政院軍政部主管軍政。惟即使中樞的威信已逐漸增強，參謀本部、行政院軍政部要能發揮應有作用，

15 胡寶華，〈北洋政府參謀本部瑣憶〉，《文史精華》，總 138 期（2001），頁 53-56。

16 錢端升等著，《民國政制史》（上海：上海書店，1989，影印本），上卷，頁 11。

17 沈雲龍訪問，林泉紀錄，《于潤生先生訪問紀錄》（臺北：中央研究院近代史研究所，1986），頁 67。並參見〈參謀本部繼陸部索薪〉，《申報》，1922 年 4 月 6 日，版 7。

仍非一蹴可及。及至抗日戰爭初期，國民政府取消原有的參謀本部，由軍事委員會直接統轄軍政、軍令、軍訓、政治等部，以及其他中央軍事機關。經過一番擴充與調整，國軍的「腦」，或者說所謂的統帥部，才有一個較完備且龐大的規模。在當時有些人看來，透過軍事委員會統一指揮數百萬國軍，於各個戰區進行大兵團作戰，「在我們中國還是空前的盛事」。[18]

然而，抗日戰爭結束，軍事委員會的重要性雖中外有目共睹，它的撤廢議題卻已經箭在弦上。其原因約有數端。首先，國民政府的軍事制度，係本土因素連同外國移植制度的複雜混合。除了軍政、軍令二元模式仿自普魯士德國外，軍事委員會名義乃是蘇俄制度的變體。[19] 而不論德、蘇範本，自抗戰中後期起，影響力均遭逢巨大挑戰，因為國軍逐漸開始換裝美式裝備、接受美國派遣軍事顧問。美國軍事顧問在華工作，範圍很快就擴及到中央軍事機關制度的層次。1946 年 3 月，蔣介石指派軍政部長陳誠任召集人，軍令部次長劉斐任副召集人，主持改組起草委員會，即以美方提供的「中國國防部組織之基本研究」為參考藍本。[20] 6 月 1 日，國民政府正式明令軍事委員會及所屬軍政、軍令等各部撤銷，國防部成立，白崇禧為首任國防部長，陳誠為首任

18 曹聚仁、舒宗僑編著，《中國抗戰畫史》（上海：三聯書店，2015，影印本），頁 138。

19 F. F. Liu, *A Military History of Modern China, 1924-1949* (Princeton: Princeton University Press, 1956), pp. 76-78. 中譯本見梅寅生譯，《中國現代軍事史》（臺北：東大圖書公司，1986）。

20 魏德邁，〈中國國防部組織之基本研究〉，未註編者，《國防組織法參考資料》（臺北：國防部編譯局，1972），頁 1-2。

國防部參謀總長。就職之時，陳誠發佈告全國官兵書，當中強調國防部制度「完全以美國之軍事系統與組織為原則」。[21]

所謂「完全以美國之軍事系統與組織為原則」，並不是說中華民國、美國國防部的制度設計完全一致。事實上，人類事物就算存在模仿關係，總還是有若干差異。更何況，美國國防部成立的時間，還要稍稍晚於中華民國。國防部真正借鑑美軍制度之處，有兩個層面，首先是軍隊指揮參謀的運作模式。國防部下設參謀總長以及「參謀本部」，參謀本部模仿美國陸軍部（國防部前身之一，後詳）的架構，接收了舊制軍事委員會軍政、軍令、軍訓、政治等各部的絕大部分業務。當時，建立了第一廳（人事廳）、第二廳（情報廳）、第三廳（作戰廳）、第四廳（後勤補給廳）、第五廳（編制與訓練廳）、第六廳（研究與發展廳）為「一般參謀」（general staff）單位；新聞局、民事局、監察局、兵役局、保安局、測量局、史料局、軍法處、副官處等為「特業參謀」（special staff）單位。上述參謀作業的分類方式，和過去國軍習慣的德式分類大不相同，和七十多年後的今天相較卻有很強的連續性。

其次，國防部借鑑美軍制度的第二個層面，在於援引歐美式的「文人領軍」、「政府領軍」以及「軍隊國家化」觀念。1946 年 6 月，首任國防部長白崇禧向記

---

21 陳誠，「成立國防部的意義與使命—民國三十五年七月一日告全國官兵書」，《陳誠副總統文物》，國史館藏，典藏號：008-010109-00002-066。

者解釋說，成立國防部的重要意義在於：本黨（中國國民黨）推動革命，軍事時期業已至最後階段，故積極準備實施憲政，將獨立於行政院之外的軍事委員會撤銷，改成立隸屬於行政院的國防部，實現「以政治軍」及「還軍於國」，使「如德、日喜功好戰之軍人」不復有再起的可能，確立國家百年根本不拔的制度。[22]

誠然，白崇禧的話語很大程度上只是政治宣示，當時的中華民國距離民主憲政常軌十分遙遠。不過，國防部至少在制度設計上，仍必須回應歐美式的軍隊國家化理念。於是，國防部長被定位為行政院內閣成員，不能像舊制軍事委員會委員長那樣獨立於行政院之外，而且必須接受立法院監督。國防部長之下，設置「部本部」，人數遠較前面提到的參謀本部為少，主要負責政策規劃與行政院各部的聯繫協調事宜。當時主事者又以孫中山的「權能區分」理論相比附，謂國防部長作為內閣成員，乃最高軍事決策者，有「權」；參謀總長則是軍事人員首長，乃一切軍事計畫的執行者，有「能」；部長有權，總長有能，相輔相成。[23]

除此之外，國防部的成立，也是當時國軍面對新戰爭型態的反應。在今天，人們對於國防部或其它近似名義的中央軍事機關，已經習以為常。但其實，所謂國防部云云，通常意指政府內閣設置了陸海空三軍的統一

---

22 白崇禧，〈白部長談國防部任務〉，《國防月刊》，創刊號（1946年），頁 103-104；〈以政治軍還軍於國，白部長談國防部組織及任務〉，《申報》，1946 年 6 月 3 日，版 1。

23 「國防部組織法草案說明」（1948 年），〈國防部組織法資料彙輯〉，《國軍檔案》，檔號：581.1/6015.10。

主管部，而這根本是相當晚近的觀念。以美國為例，長期在內閣同時設立戰爭部（Department of War）、海軍部（Department of the Navy），兩部平時各行其是。第二次世界大戰爆發，陸海空立體作戰成為常態，使得美軍大感必須加強跨軍種的協同。1942 年，美軍成立參謀長聯席會議（Joint Chiefs of Staff），重要用意包含協調陸軍、海軍。第二次世界大戰結束，戰爭部拆分為陸軍部與空軍部，他們同海軍部、國會及新聞媒體不斷爭論應否設置單一的軍事內閣首長，或者陸軍、海軍、空軍各設置內閣首長。幾經波折，1947 年 9 月，美國成立無定形的「國家軍事機構」（National Military Establishment）。1949 年 8 月，又進一步將國家軍事機構改組為國防部，取消了陸軍、海軍、空軍部長的閣員地位，僅保留國防部長為內閣成員。[24] 而從上揭經緯也可以說，駐華的美國軍事顧問們，係在他們本國軍制的轉折時刻，協助國軍一同摸索新時代的陸海空軍組織應當如何編成。

回顧國軍的陸、海軍歷史，在抗戰爆發以前，採取同時代歐美日各國常見的陸軍、海軍分立模式，行政院除了軍政部外另設有海軍部。抗戰初期，海軍艦艇幾乎全燬，海軍部始縮編為海軍總司令部，隸屬軍事委員會。抗戰結束，海軍總司令部沒有恢復為行政院海軍部，再改編為軍政部海軍處（署）。改組過程中，因人

24 C. W. Borklund 著，葛敦華譯，《美國國防部》（*The Department of Defense*）（臺北：國防部史政編譯局，1972），頁 34-43。

事等各種紛擾，若干海軍人士嘖有煩言。[25] 但考量當時世界各國的軍制趨勢，最高當局不再恢復獨立的行政院海軍部，倒是極自然的決定。1946 年國防部成立，正式確定陸軍、海軍同受其管轄。新制陸軍總司令部，由原同盟國中國戰區陸軍總司令部改編而成。海軍總司令部，由軍政部海軍署改編而成。另外，空軍總司令部由航空委員會（原隸屬軍事委員會）改編而成，聯勤總司令部由後方勤務總司令部（原隸屬軍政部）改編而成。

新制陸海空軍及聯勤總司令部開始運作以後，仍各有龐大編制人員，並未與國防部在同一營區辦公。不過，包含各個總司令本人在內，各級軍官頻繁前往國防部開會或洽公。蔣介石官邸地圖室、國防部兵棋室及其他大大小小會議室，則經常在討論跨軍種的調度與協調。至於國防部本身，參謀軍官來自陸海空三軍，也越來越常將陸海空軍的「聯合」掛在嘴上，從而參謀一詞逐漸以「聯合參謀」、「聯參」的面貌出現。1946 年 11 月，國防部長白崇禧在一場內部會議中，貼切地強調「國防部為聯合陸、海、空軍之組織，改組之意義即在於此」。[26]

三、報告書的史料價值

毫無疑問，當時的中華民國試圖憑藉美國軍事顧問

---

25 張力，〈從「四海」到「一家」—國民政府統一海軍的再嘗試，1937-1948〉，《中央研究院近代史研究所集刊》，第 26 期（1996.12），頁 265-316。

26 「國防部部務會報紀錄」（1946 年 11 月 9 日），〈國防部部務會報紀錄〉，《國軍檔案》，檔號：003.9/6015.2。

協助，建立一個能兼顧作戰指揮效率、憲政時期「以政治軍」標準，可切實運作的「陸海空軍聯合組織」，絕對不是一件簡單的事。單就師法美國軍制的問題說，美國陸軍參謀體系乃歷經十數年發展而成的產物，[27] 而國軍推動改制為時尚短，且有囫圇吞棗之虞。例如，1947 年 1 月，時任陸軍大學校長的徐永昌，在日記寫下了一段見聞，值得玩味。略云：「管理地圖等事，在新國防部編制屬二廳（即前軍令部二廳），諸多不便，一無人無責」，「因該二廳并不甚用圖，所以不注意其業務，蓋因美國如此隸屬也。」[28] 1948 年 3 月，徐又在日記提到：國防部某一科長「不知自己應做些什麼，原來是美國有這一科」。[29] 類似上面的例子，其實是不勝枚舉。

其次以作戰指揮效率言，從結果而論，蔣介石透過官邸會報、國防部各種參謀作業等機制運籌帷幄，最後並沒有決勝於千里之外。國軍何以慘遭 1949 年嚴重挫敗，固然原因極多，不宜簡單歸納成幾條簡單的因素。但難以否認地，當時、後世人對於國防部的表現屢有批評。例如，國軍系統複雜，不同軍系對待南京的指揮命令，態度並不一致。而即使是聽從中央號令的部隊，又未必信服國防部下達的指令。因為，國防部下達的各種作戰構想與指導，內容瑣碎，概由蔣介石、官邸會報及

27 郭安仁譯，〈美軍參謀組織之分析〉，《現代軍事》，第 1 卷第 9 期（1946），頁 17-26。

28 徐永昌撰，中央研究院近代史研究所編，《徐永昌日記》（臺北：中央研究院近代史研究所，1990-1991），第 8 冊，頁 366，1947 年 1 月 13 日條。

29 徐永昌撰，中央研究院近代史研究所編，《徐永昌日記》，第 9 冊，頁 32，1948 年 3 月 19 日條。

國防部各種會報決定，研議過程不常徵詢下級意見，亦不重視戰區指揮官的意見具申。於是，「各戰場之指揮權皆在南京，所謂綏署、剿總亦不過傳達命令。何況綏署、剿總亦非在戰場之內者」，「戰場內並無一最高指揮官有針對狀況下決心之能力，故第一線部隊之行動皆為對二十四小時或四十八小時以前之情況而行動，使熟識內情者有啼笑皆非之感」。[30] 前揭弊端，究竟是蔣介石個人、抑或國防部參謀軍官群體有以致之？筆者認為，應該是兼而有之。

再以憲政時期「以政治軍」言，很大程度原係政治性宣示，但國防部新制推動伊始已爭議連連。例如，當時最高中樞一方面對外聲稱採行歐美軍隊國家化模式，另一方面卻顧慮軍令倘直接由行政院指揮「則難免受政潮之牽掣，影響軍事運營」，[31] 於是儘量縮小部本部的組織，刻意以參謀本部為國防部的實際主體。又讓參謀總長在所謂的軍令事務範圍，繞過國防部長及行政院長，直接向國家元首報告並負責。對於這種制度設計，外界激烈抨擊「表面上國防部長雖屬於行政院，實際軍權在於參謀總長，而總長並不對政院負責」，[32] 導致立法院於南京、臺北時期多次拒絕通過國防部組

30 「剿匪作戰有關問題二十八個答案」（1953 年），《蔣中正總統文物》，國史館藏：典藏號：002-080102-00064-006。

31 「行政院對本部組織法草案指示意見之辦理說明」（未註時間），〈國防部組織法資料彙輯〉，《國軍檔案》，檔號：581.1/6015.10。

32 「立法委員對本部組織法內容批評之解釋」（1948 年 3 月），〈國防部及所屬單位組織職掌編制案〉，《國軍檔案》，檔號：581.1/6015.9。

織法。直到 1970 年——距國防部在南京成立之日已近二十五年，國防部組織法才首度獲得立法院通過。[33] 而相關爭議得到較全面性的解決，至少還要延宕至 21 世紀初期，所謂「國防二法」制訂實施為止。筆者於此無法多作延伸討論，只是想先點出一個事實：機構轉型有其困難，甚至可能耗時數十年。

至於「陸海空軍聯合」方面，國軍要走的路也還很長很遠。例如，在戰區層級（綏署、剿總），多數指揮機關並未具備統一管制陸海空軍的能力，陸、海、空軍部隊都各自有指揮系統，而三者間的聯繫不密切，談不上密接支援。[34] 在國防部層級，參謀軍官的組成雖然日益重視軍種平衡，但當時實際上仍以陸軍佔優勢。而陸軍出身的參謀軍官面對「科學軍種」海、空軍，因為軍種專業和文化的差異，經常格格不入。[35] 甚至，海、空軍參謀軍官的養成人數，亦無法和陸軍相提並論。畢竟，陸軍參謀軍官的主要搖籃為陸軍大學，源於晚清，校史悠久，畢業生枝繁葉茂；而空軍遲至 1940 年始設立參謀學校，海軍更是政府遷臺灣後才首度開辦參謀班。[36]

---

33 〈國防部組織法，完成立法程序〉，《中央日報》，1970 年 10 月 31 日，版 1；國防部部長辦公室編印，《國防部部本部沿革史》，頁 78。

34 「剿匪作戰有關問題二十八個答案」（1953 年），《蔣中正總統文物》，國史館藏：典藏號：002-080102-00064-006。

35 林泉整編，《郭寄嶠先生訪問紀錄》（臺北：近代中國出版社，1993），頁 117-118；United States Dept. of State ed., *United States Relations with China: With Special Reference to the Period 1944-1949* (St. Clair Shores, Mich.: Scholarly Press, 1971), pp. 337-338.

36 張力訪問紀錄，《黎玉璽先生訪問紀錄》（臺北：中央研究院近國防部部本部、參謀本部各單位，連同新制陸海空軍及聯勤總司令部，一邊面對前揭各種千頭萬緒的問題，一邊進行自身機構的改組工作。而即使是機構改組工作中的編裝作業，也是繁瑣且耗時的。1946 年 6 月，國防部成立。11 月，國防部長白崇禧才宣告本部初步編組完成。[37] 隨後，國防部「為檢討半年來之工作概況，加緊業務之聯繫，以期進一步改革起見」，編寫報告書。報告書經過整理，即為本書的主要內容。

翻開本書全篇，第一章敘述部本部，第二至十八章敘述參謀本部各廳、局、處。單從篇幅觀察，讀者應不難體會參謀本部實為當時國防部的主體。第二十至二十三章則敘述陸海空軍及聯勤總司令部，第十九、二十四章則分別敘述戰史編纂委員會及中央訓練團。有關部本部、參謀本部各單位，連同陸海空軍及聯勤總司令部成立的經緯，已在前文說明。以下，再扼要補充戰史編纂委員會及中央訓練團。戰史編纂委員會主要任務為編纂中日戰史，並非史料（史政）局所屬單位；及至1949 年 3 月，史政局縮編為史政處，旋 6 月戰史編纂委員會亦併入之。至於中央訓練團，原係國民黨中央訓練委員會辦理，曾是抗戰時期培訓黨政幹部的重要機構。抗戰結束，改隸屬新成立的國防部，主要任務轉為配合「整軍」政策，開辦復員軍官各種收訓、轉業等班隊。

某種意義上，報告書原件的問世過程，本身也是當

代史研究所，1991），頁 51-52。

37 〈本部聯合紀念週部長訓詞〉，《國防部公報》，第 1 卷第 4 期（1946.11.20），頁 4。

時國防部工作內容的剪影。因為，現代軍隊最高統帥機構的運作特色，除了前文提到的參謀軍官之作用外，還包含了對紀錄資料的重視。當時，史料局頒佈各種規範，規定全軍機關部隊按時呈送戰鬥要報、戰鬥詳報、陣中日記，或者沿革史、工作報告書、每月大事紀及專題報告等資料。而國防部各個單位按規定編寫的 1946 年度工作報告書，再經由史料局彙整編輯，就成為了整個國防部 1946 年度工作報告書的底稿。

由於報告書係由國防部各個單位分別編寫，因此，各個單位章節的文字風格頗不一致。有些單位敘述了主管法規、制度、編裝的制訂過程。例如，監察局說明該局由美國軍事顧問協助建立的經過，反映了國防部制度草創的時空。也有些單位將重點聚焦在主管業務的年度成果之上，例如第五廳（編訓廳）依次敘述了辦理陸軍整編、軍事機關學校調整、海空軍整建、部隊訓練、學校教育、編餘軍官考選及留學考選等業務的概況。其資料以全國為範圍，詳細至整編師、整編旅等級。讀者覽之，不啻是閱讀了特定主題的專題史。或者如第三廳（作戰廳）的內容，通篇未提自身組織的運作細節，幾乎是直接彙整全國各個地區的作戰概要。讀者覽之，較難理解國防部如何運作，但當中的扼要文字、數據圖表與地圖，倒是可以視作戰役史的史料。

無論如何，報告書底稿在問世當時，堪稱提綱挈領地綜述國防部部本部、參謀本部各單位，以及陸海空軍、聯勤總司令部在國防部成立最初期，亦即 1946 年下半年的工作成果。在近八十年後的今天，它仍可提綱挈領地讓我們鳥瞰國軍人事、情報、作戰、後勤補給、編制與訓練、科技研究發展、政工、兵役、省縣地方武裝（保安團隊）、測量、史政、軍法、文書檔案管理、陸海空軍建設等全般業務的概況。讀者從報告書各篇文字，不僅能夠一窺國防部業務的繁重，體會國防部運作上的複雜，也可以透視國共全面戰爭初期階段的戰況，還有整個軍事現代化工程在抗戰結束初期的進展。質言之，它是探討國防部機構運作的良好史料，卻絕不僅僅是探討機構運作的史料。

而今物換星移，國防部已隨中華民國政府遷設臺北，又輾轉落腳於大直雞南山麓，而且歷經了多次組織變革。不過，筆者置身其間，仍很容易找到兩個時空的歷史連結。例如，參謀軍官們依舊伏案研擬資料，依舊是國軍大腦的細胞。而人們以「聯一」、「聯二」、「聯三」、「聯四」稱呼人事、情報、作戰及計畫、後勤等參謀次長室，一如 1946 年的國防部第一、二、三、四廳，都是美軍參謀制度在國軍的移植。另外，1946 年國防部揭櫫的歐美式軍隊國家化、建立陸海空三軍「聯合組織」等理念，同樣在當時剛剛發軔或勃興，在近八十年後猶具強烈現實意義。從此看來，儘管國軍自建軍以來制度常在流動狀態之中，但 1946 年實可算是百年軍史中的關鍵性轉折點。聚焦這個轉折點，是追昔，亦為撫今，也有放眼未來的意義。

編輯說明

一、本書原為國防部史政局軍事史叢刊第二種，編輯者為楊德揚，於 1947 年 11 月印行。

二、為便利閱讀，部分罕用字、簡字、通同字，在不影響文意下，改以現行字標示，恕不一一標注。

三、本書史料內容，為保留原樣，維持原「奸」、「匪」、「偽」等用語。

四、本次重新編輯加註，以【】呈現。

目錄

前言

第二次世界大戰以還，統一國防軍事機構，迨為先進國家之一般趨勢。我國自抗戰勝利後，鑒於國內情形及世界趨勢，乃決心建立合理之國防體制，與進步之軍事制度，最高當局特令組織中央軍事機構起草委員會，由有關專家擔任起草，並為使新舊機構之編併業務之調整規劃集思廣益計，復令組織中央軍事機構改組委員會，專司設計部署之責，先後參照友邦美國所供給之良好資料，苦心籌劃，卒於三十五年六月一日成立我國劃時代之國防部。

國防部之組織，就其精神上之特點而言，一為權能之劃分，即政府有「權」，軍部有「能」。一為行政三聯制之表現，國防部代表政府有權考核，參謀本部計劃指導，各總司令部負責執行。一為統一陸海空軍之指揮，構成陸海空軍之整體性。一為貫徹以政治軍及還軍於國之目的，置國防部於行政院隸屬之下，以期達成軍隊國家化之目標。就組織本身之系統而言，國防部設九司六廳八局兩直屬處及四總司令部，分掌考核計劃執行之責，參謀本部之六廳八局，更分擔一般參謀及特業參謀之任務，故國防部立案精神之完善，組織體系之周密，殊屬空前，允宜在我國軍制史上放一異彩。

本部之成立，既屬空前創舉，同時感於過去史實未常保留，追溯甚為困難，故今後對本部一切史實，自應羅輯，以求保全，庶幾逐年累積，足供各單位工作連繫，及參考之良好資料，而免過去散失雜亂之弊。本局有見及此，故於本部成立伊始，即具有保存本部史實之計劃。茲為檢討半年來之工作實施概況，加緊業務之連繫，以期進一步之改革起見，特就各單位卅五年度工作報告書，彙編為本部卅五年度工作報告書，作為砥礪觀摩之藍本，庶本部同仁，得以潛心研究其得失之所在，發揮自省共進之精神，奠定建軍建國之基礎，國防前途，實所利賴焉。

第一章　部本部

第一節　民用工程司

（一）搜集參考資料

計電信六十件，動力、工礦、資源、人口等，共二百一十八件。水利、鐵道、公路、市政及普通圖表等共六十五件。

（二）調製統計圖表

將所搜集參考資料，分別予以整理，製成統計圖表。現已完成者，計圖表六十八種，並加以分析研究摘要，以供參考。

（三）籌建本部新村

鑒於本部同寅，對居住問題，同感困難，並為提倡新村運動，採取歐美花園都市模範，經將本部新村設計完成（計大小圖案十五幅，建築說明一小冊），正準備提案，請撥專款，付諸實施。

（四）審議工程計劃

行政院交辦及其他有關國防工程，及交通通信等計劃之審議事項。

（五）編譯工程論著

有關原子動力，以及市政工程等之編譯事項。

第二節　法規司

法規司於卅五年九月一日成立，工作概況如左：

（一）搜集現行法規

關於本部各種條例、規則、細則、辦法暨其他法令規章，業已全部收集，分廢止、適用、不需用三種，著手整審。

（二）搜集有關資料

現已蒐集英美各種法規手冊多種，陸續分發有關單位選譯參考。

（三）編訂法規整審須知

為整審法規，有所遵循起見，經擬定審核法規原則，整理法則說明，及整審法規程序表，連同卅二年六月四日公布之法規，制定標準法，合訂為「國防法規整審須知」小冊，分發各單位參考，並依此原則，集中本部所有法規，積極整審，限於行憲以前，全部完成立法手續。

第三節　預算財務司

預算財務司於三十五年八月一日成立，其職掌為監督審核本部之預算及分配預算，與國家整個預算暨國民經濟相配合，使預算計劃與工業計劃、人力計劃保持協調。對於行政、立法兩院保持連繫，及監督本部各單位支出款項之管制，與預算財務制度之推行。

（一）工作計劃

1. 考查研究預算財務制度之建立與推行。

2. 研究建議預算政策，並使預算計劃與有關工業部門保持協調，暨與專管預算之非軍事機關，取得連繫。

3. 考核並建議各機關部隊學校官兵給與，以期改善官兵生活，並儘量減少貪污案件之發生。

4. 檢討本部各級財務行政處理情形，使各單位財務支出，適應事實要求，款不虛糜；並使國防費用，與其他支出保持平衡。

（二）實施概況

1. 根據美方建議，預算財務制度及業務實施程序，經會商擬定，現正待核定準備實施中。

2. 參照美方給與制度，及第一廳所擬官兵薪俸劃分辦法，擬定陸、海、空軍各項給與標準，交第一廳辦理中。

3. 成立預算財務檢討小組，每月開會一次，核定有關預算財務法規事宜。

第四節　軍職人事司

軍職人事司於本（卅五）年八月組織成立，對工作之推行，因時間短促，未能作長期之規劃與實施。茲就半年來奠立工作基礎之較為重要者，分述如左：

（一）釐定工作開展辦法

為便於與各有關單位分工合作，經擬定工作展開辦法，以決定關係單位，搜集業務資料，商定連繫辦法，確立業務職掌諸端，以為推動業務方針。

（二）擬訂工作計劃

為使工作推行有所準據，經擬定三十五年十月至十二月份工作計劃，以促進軍官銓敘，協助軍法行政，研究軍事教育制度，改善官兵生活，核定退除役員額等項，以為中心工作。

（三）促進一般人事業務並主持（參加）各種會議

經常與第一廳連繫，研究人事制度及業務之改進，並出席人事業務改進會，及其他與人事業務有關各項會議。

（四）修正軍人從政辦法

查軍人從政，前經行政院通令各省市嚴格限制，專員、縣長不得以軍人充任。本部以現值復員整軍之際，所有編餘軍官，亟待分別轉業，特於本年十月間簽奉主席批准，今後地方行政工作人員，可就上中級退役軍官中，擇優儘先以專員、縣長任用，並飭經行政院通令各省市遵辦在案。

（五）擬訂偽軍憲警經奉准改編後之任用辦法

查偽軍官佐應否任用，各方主張不一，有以民族氣節為重，主張從嚴限制任用者；有就目前事實立論，主張從寬任用者。本部詳審其中之曲折，作法令與事實兼顧之處置，擬具寬嚴兼顧原則，經召集有關單位兩次開會研討，並將決議原則送第一廳，擬具自新軍官佐人事處理辦法，經呈行政院轉國府備案矣。

（六）調查各軍事學校之建立發展情形

為明瞭軍官素質，及其訓練發展情形，經製定表式，令飭各軍事學校詳細填報，以為改進教育之參考。

（七）調查並研究各國軍事教育制度及其發展情形

為明瞭各國軍事教育制度，及其發展情形，經令駐外武官及留學員生，就各駐在國之軍事教育制度、教育方法、教育設備、學生素質等項，搜集資料，提出報告，由該司加以研究，以為改革軍事學制之參考。

（八）參與軍法行政之連繫及調查事項

該司對軍法行政機關，向取連繫，至軍事人員控訴案件之處理，經移參謀總長辦公室核辦者，計王彥材等四案，並派員旁聽審理重要戰犯。參加本部軍法處業務權責劃分會議，依據本部軍法處及各總司令部軍法處填報審理案件終結表，加以統計，以為軍法人員工作之參考。

（九）增進官兵福利

為改善官兵待遇，經會同主管單位，隨時注意改善，並建議依照物價指數之變動，與文官待遇之調整，擬訂官兵薪餉標準，同時促進官兵之政治認識，提高其戰鬥精神。對官兵政治、訓練、戲劇、電影、教育圖書設備，以及官兵之體育娛樂等，隨時注意其改善。

（十）對退除役撫卹業務實施情形之調查與指導

調查本年度退除役與撫卹業務之辦理情形，並督促其退除計畫之實施與撫卹；現行法規之修正，卹金標準之釐訂等項。

（十一）搜集有關業務資料

為明瞭各有關單位之工作進展情形，及準備研究材料，經向有關單位搜集業務資料，計：第一期搜集軍官銓敘者十八種，軍事學校教育者十九種，軍法行政類者十六種，官兵福利者十九種，退役事務者十七種。

第五節　文職人事司

文職人事司於卅五年八月一日成立，即著手於各項有關資料之蒐集，業務職掌之研究，工作計劃之擬訂，並與美軍顧問團提出關於軍政、軍令範圍之劃分，決策監督與計劃指導相互程序之確定等問題，請其解答，藉資參考，且與本部各主管人事機構及銓敘部，緊密連繫，切實商討，以籌劃軍事機關文職人員人事制度之確立，茲將工作概況，分述如次：

（一）文職人員人事政策與法規

就現行軍文制，或改訂純文官制，及文官等軍官待遇制三種，詳述利弊，比較輕重，提供抉擇，並擬訂軍用文職人員人事業務處理辦法，以為今後處理軍用文職人員人事業務之準則。以前各種軍事機關部隊學校任用文職人員之人事法規，仍否適用，及將來憲法之施行，有無抵觸，則正在積極協同本部法規委員會，慎密審擬。

（二）文職人員人事管理與視察

我國國內外各種專門人才，及學術專家，漫無統制，無法羅致，故除對於各種軍用文職人員之數量、組成及養成之各項統計，力求精確外，並籌畫國內外各種專門人才及學術專家之調查統計，備供國防建設之用。其次有關各軍事機關部隊學校文職人員人事行政之視察報告及章則，亦正分別擬訂，並積極籌劃，分期分區予以視察。

第六節　人力計劃司

（一）研究

人力計劃司基於美軍之建議，其職掌歸納為四大項：

1. 處理軍事人力與一般人力之協調運用，使軍事人力充分，而又不過度抽用農工人力。
2. 計劃政府全般人力政策，發展、分配、利用國家人力。
3. 審核徵兵及國民募兵計劃，使與一般人力相符合。
4. 使文職與軍職人員之利用適當平衡。

於此應研究者，為人力計劃，是否即人力動員計劃，如為人力動員計劃，則人力復員計劃應否包括在內，經往復研究，確定人力計劃，即人力動員計劃，並包括人力復員計劃。

職掌既明，更進一步商討並釐訂有關業務範圍。

1. 關於動員部份

(1) 依照國軍平時保有之總員額，及戰時需要之最高額，加以審核後，策定總動員計劃，及動員所需軍文職人力之數量、種類、來源、儲備等標準。

(2) 將動員所需人力、種類、數量與行政有關各部協同研究，使軍事人力不感缺乏，而又不過度抽用農工人力。

2. 關於復員部份

(1) 依照戰後國軍保有之總員額，及軍事復員計劃，擬具復員及各種措施原則。

(2) 依復員官兵數目，與行政有關各部協同研究，訂立復員方案，使復員迅速完畢。

（二）計劃

1. 擬定工作計劃，內分 (1) 調查統計、(2) 計劃發展、(3) 人力審核、(4) 人力建設、(5) 培養儲備，五大部門。

2. 擬定年度工作計劃，內分 (1) 方針、(2) 實施要領、(3) 連絡調查統計、(4) 其他，四大部門。

（三）實施

軍事人力及一般人力之調查統計，共完成軍事人力統計表三十六份，一般人力統計表四十份，其他統計表十一份，總計八十七份，彙編人力統計一冊付印，作為爾後工作開展之依據。將原行政院復員官兵計劃委員會祕書處工作，附屬該司，負監督指導之責，爾後屬於該司復員業務之一部，工作概況如左：

1. 安置概況

(1)第一期復員軍官佐約為廿四萬人（包括收容之失業軍官）。

(2)已安置者約為一十六萬人，計：

留用　　　四七、四八〇

轉業　　　四六、五五〇

退除役職　六五、四〇二

(3)尚待安置約八萬人，已預定安置辦法，約可於卅六年上半年安置完畢。

(4)原為管理復員軍官所設立之軍官總（大）隊共三十六個，由中訓團或分團直接處理。

(5)為安置復員軍官，所指導之屯墾業務辦理情形如左：

(1)盤山墾區，已全部接收，預定先撥三千六百人，授田屯墾，現已撥出六百人，餘正續撥中。

(2)長熟墾區籌備就緒，已撥四百人授田屯墾。

(3)鎮江、瑞昌兩實驗墾區，正洽辦中。

2. 安置困難情形

(1)原預計安置復員軍官為十八萬人，因收容失業軍官，竟達廿四萬人，超出預定計劃，遂增加安置困難。

(2)原安置計劃，預定以十五萬人轉業，而結果因分發任用困難，不得不一再修改計劃，將轉業人數，減少至預定數之一半。改辦退役，所費周折亦甚多，此為安置遲緩之最大原因。

(3) 經費困難，房屋缺乏，交通不靈等缺點，均影響安置計劃之實施，而使其遲滯。

第七節　工業動員司

（一）年底工作計劃之擬訂

1. 與部本部全部計劃工作相互協調，完成全國兵工業。國營、民營工業，在戰時全體一致動員為目的。
2. 計劃準備戰時全國性之工業動員，監督全國工業原料之來源與分配，工廠設備與生產，及運輸工具，統籌計劃之研究，並分析外國工業動員之方法，與其材料之研究等。

（二）搜集資料

根據上列工作計劃，分別派員向經濟部、農林部、資委會、陸海空聯勤等總司令部及有關各機關，直接洽取各種資料，以作參考。同時製定調查表式，電請各省政府，各特別市政府，各接收敵偽產業處理局，中國、中央兩航空公司，各航政局，國營招商局，各鐵路管理及工程局等，囑收所轄區域內公私工廠、礦產、農場、企業、水陸、航空、交通等狀況，按式分別填列寄部，藉供參考。

第八節　徵購司

徵購司於卅五年八月一日成立，辦理攸關國防所需物資徵購業務之計劃，指導、監督、審核、決策事宜，其工作概況分述如左：

（一）與美顧問團之聯絡

本部此次改制，純係根據美方建議。新制初創，事權雖已簡化，然機構亦極繁複，對本身職責技術上之運用，及與各單位間相互之關聯，有未能明瞭者，曾擬就諮詢項目二十八問，向美顧問團提出，請其解答，現擬將問答整理付印，分發各有關單位參考。

（二）調查國軍整編後之人馬數字，為一般補給計劃之依據。

（三）求確定補給量及消耗量之標準，調查國軍所需軍用物資，如武器、彈藥、交通器材、通訊器材、醫藥器材、工程器材、陣營與糧秣、被服等之品種、定量及現狀。

（四）為對外統一事權，對內密切聯繫起見，組織本部物資徵購委員會，由物資次長任主任委員，陸海空聯勤各副總司令任副主任委員，各該部有關主管物資之一級單位主官為委員，下設陸海空聯勤四組，聯勤之下，另設十個綜合小組，凡關大批徵購物資，統由該會決議後，付執行單位辦理。

（五）為求供需協調，調查軍用物資之來源及其生產現狀，諸如國營、部營、民營各工廠，及國內一般能供軍用之物資與海外一般有關軍用之物資均屬之。

（六）簽請主席，擬利用敵遺之青島橡膠廠內製胎設備，自製軍用汽車輪胎，並函農林部增產海南島橡膠及改良出品。

第九節　土地及建築司

土地及建築司於卅五年九月一日籌備就緒，正式組織成立，本年度工作概況，分述於左：

（一）施政方針——為配合國防建軍之需要，擬定施政方針：

1. 有關土地事項

⑴ 修正審定軍用土地法規

根據憲法精神，及土地法之原則，並適應國防上之需要，修正及審定現行全部軍用土地法規，期與根本大法不致抵觸，樹立完整土地制度，而利建軍。

⑵ 加強營地之調查整理

如期達成營地合理分配與經濟利用，先期將軍用機場、廠地官署、港灣碼頭船塢、要塞等之現有土地，加以詳密調查，以便進行整理，而達地盡其利之效果。

⑶ 戰時徵用民地之清理

戰時以軍事上急切之需要，所徵收徵用之民地，手續多有未合法令規章者，應視國防之需要，即時清理與補償。

(4)軍墾地區之調查劃定與屯墾方法之確定

吾國土地遼闊，荒地尤多，現值整軍伊始，關於榮譽軍人及退役軍人，均待安置，亟須辦理授田屯墾，藉資鞏固國防，兼示優遇，應即調查全國可供屯墾土地之畝積，及其分佈狀況，劃定地區，設立屯墾專管機構，策定屯墾方案，次第實施，以實邊防，而收復員建軍之效。

2. 有關建築事項

(1)修正審定軍事建築法規，並釐訂建築工程標準

吾國對現代軍事建築法案及工程標準，均欠完備，為適應國防及現代軍事之需要，應即按各兵種之編制裝備，設計標準圖樣，以作為今後修繕建築之準繩。

(2)加強軍事建築之調查修繕

吾國現有軍事建築，多以財力支絀，因陋就簡，尤以戰時為然，對於今後建軍需要，未能確切配合，應即詳密調查統計，如機場營舍、倉庫官署、港灣、碼頭、船塢、要塞等，妥為修繕保管，以便達成使用上之要求。

（二）工作計劃提要

1. 審定有關軍用土地，及軍用建築等法規，並編譯建築工程手冊。

2. 調查全國現有軍用土地，與軍用建築，及材

料機械等，並加以研究。

3. 審定軍用建築之修繕，及軍用土地之整理。
4. 新設軍用土地，與軍用建築之審定。
5. 軍墾土地之取得與利用。
6. 國境防線區域範圍內，土地徵用及建築事項之建議。

（三）資料搜集

按照一、二兩項為求推進工作便利計，向有關各單位搜集之有關法令規章，及年度工作計劃等資料共一九一件，藉供參考。

第二章　第一廳

第一節　將官人事之處理

第一款　任官

本年度秋季任官，因春季任官案遲遲未奉核定，復以還都繁忙，以及本年奉令停升諸關係，即奉令停止辦理，至春季任官案，亦因上述諸關係而延至九月底始檢討完畢。十月間始奉主席核定公佈，共計晉敘少（監）將二十一員，晉敘上（正）校一五〇員，晉敘中（正）校三十三員，少（正）校四員，共計二〇八員，如附表一。

第二款　服役

本年度全國陸海空軍各部隊機關學校奉令復員，並依整軍計劃分期實施整編，因此編餘將（監）級人員為數不少，其中一部正分別予以轉業訓練後予以安置，其餘一部或依限齡或依額甄退，或逕予除役者，共計上將十九員，中（總監）將二二二員，少（監）將八四八員，合計一零八九員，如附表二。

第三款　任免

本年度奉令提升，除通信兵學校教育長李昌來等八員，係奉主席特准外，其餘均係遵照停升命令辦理。普通一般任免，自六月一日改組迄今，先後任免案件共計二千餘件。任免將級人員計二千七百二十九員，發出將級任職令共計二千二百五十九件，其餘逐月任免情形，如附表三。

第四款　獎懲

本年度除國慶敘勛奉令停止併入三十六年元旦彙敘，刻已辦理完竣正呈請主席核定公佈中不計外，自改組迄今，因戰功特殊成績優異，或作戰失利及其他情形而受獎懲者，計上將七員，中（總監）將一七三員，少（監）將三九四員，共計五七四員，其逐月獎懲情形，如附表四。

第五款　考績

本年度年終考績，各部隊機關學校正逐次呈報，現正分別辦理中。

第六款　復員安置

本年度奉令復員，全國各機關部隊學校整編，先後經中訓團收訓者，共計一千六百五十五員，除有一部分別轉業退役外，其餘未安置人員，已簽呈主席核定，正分別辦理轉業退役中，其安置情形，如附表五。

第七款　其他

關於勛獎章等之保管轉發，原由廳辦公室勛獎組辦理，自改組後，乃由該廳第一處辦理。該處自接辦迄今，先後發出勛獎章五百九十九座，其接收現存數量，如附表六。

附表一　三十五年度春季任官將級人員晉敘統計表

官級	人數
敘任陸軍少將	1
晉任陸軍少將	17
晉軍需監	1
晉軍醫監	1
敘海軍少將	1
合計	21

官階	人數	官階	人數
敘步兵上校	42	敘步兵中校	20
晉步兵上校	57	敘騎兵中校	1
晉騎兵上校	2	敘砲兵中校	1
晉砲兵上校	12	敘工兵中校	1
晉工兵上校	6	敘輜重兵中校	1
晉輜重兵上校	2	敘二需正	3
晉通信兵上校	2	敘二醫正	3
晉一需正	4	超步兵中校	2
晉一醫正	2	超工兵中校	1
晉一獸醫正	2	合計	33
敘砲兵上校	1		
敘功兵上校	1		
敘輜重兵上校	2	官階	人數
敘一需正	4	敘步兵少校	3
敘一醫正	1	敘三醫正	1
敘海軍上校	1	合計	4
超任步兵上校	5		
超工兵上校	1		
超一需正	1		
超一醫正	1		
轉一需正	2		
合計	150		

附表二　三十五年度退除役將級人員統計表

區分／階級	一月	二月	三月	七月
上將	1	3		14
中（總監）將		25	1	190
少（監）將	3	197	2	546
合計	4	225	3	750

區分／階級	九月	十月	十一月	十二月	合計
上將	1				19
中（總監）將	5			1	222
少（監）將	21	32	33	16	848
合計	27	32	33	17	1,089

附表三　三十五年度六—十二月陸海空軍軍官佐少將（監）以上軍職任免統計表

三十五年十二月二十七日國防部第一廳第一處調製

六月	升	降	任	免	死亡	小計
上將			1	1		2
中（總監）將			31	33		64
少（監）將			71	65		136
總計			103	99		202

七月	升	降	任	免	死亡	小計
上將				1		1
中（總監）將			41	44		85
少（監）將			209	220		429
總計			250	265		515

八月	升	降	任	免	死亡	小計
上將						
中（總監）將			26	33	2	61
少（監）將	1		178	183		362
總計	1		204	216	2	423

九月	升	降	任	免	死亡	小計
上將						
中（總監）將			26	24		50
少（監）將			121	107		228
總計			147	131		278

十月	升	降	任	免	死亡	小計
上將			3	2		5
中（總監）將			50	48	1	99
少（監）將			227	199	1	427
總計			280	249	2	531

十一月	升	降	任	免	死亡	小計
上將			3			3
中（總監）將			25	24		49
少（監）將			222	181		403
總計			250	205		455

十二月	升	降	任	免	死亡	小計
上將						
中（總監）將			17	18		35
少（監）將			151	138	1	290
總計			168	156	1	325

總計	
上將	11
中（總監）將	443
少（監）將	2,275
總計	2,729

附表四　三十五年六至十二月陸海空軍軍官佐少將（監）以上獎懲統計表

三十五年十二月二十七日國防部第一廳第一處調製

勳獎	勳章	獎章	嘉獎	記功	褒狀	獎金	其他	小計
上將	4	2		1				7
中（總監）將	53	9	15	7	1		4	89
少（監）將	94	52	45	23	2		18	234
總計	151	63	60	31	3		22	330

懲罰	免職	停職	撤職	查辦	降級	記過	其他	小計
上將								
中（總監）將	2	5	8	6		12	9	42
少（監）將		13	24	11		15	17	80
總計	2	18	32	17		27	26	122

總計	
上將	7
中（總監）將	131
少（監）將	314
總計	452

附表五　國防部第一廳第一處安置中訓團將級人員概況表

三十五年七月至十二月二十六日

級職	員額	退役	安置	未安置
中將團員	251	46	42	163
少將團員	1,320	223	162	935
軍需總監團員	3			3
軍醫總監團員	2		1	1
測量總監團員	1			1
軍需監團員	44	4	5	35
軍醫監團員	26	8	4	14
司藥監團員	2			2
獸醫監團員	1		1	
測量監團員	5		5	
合計	1,655	281	220	1,154

備考

1. 一、二期師團管區 150 員。
2. 轉業警高班退役 35 員。
3. 已安置人員 70 員。
4. 未安置人員 1,154 員。
5. 退役人員 246 員。

附表六　國防部第一廳第一處勳獎章頒發覽表

區分 品名	接收數	發出數	現存數
忠勤勛章	1,700	114	1,586
抗戰紀念章	6,000	485	5,515
陸甲一	500		
光甲一	500		
干甲一	500		
華胄	500		
忠貞	500		

第二節　人事控制與統計

第一款　平時基準員額

現已搜集資料著手辦理，參照整軍及復員計劃，並遵照國防方針與國防軍之編制等，預定於三十六年三月中旬，釐定平時員額計劃，以供上級參考。

第二款　戰時基準員額

根據已得各種資料，及我國此次抗戰情形，參酌各國動員辦法，及我國人力物力之情形，擬於三十六年三月中旬，釐定戰時員額，及合度保持計劃，以備動員之參考。

第三款　訓練之員額

為提高幹部素質計，已按照各部門需要，預計於三十六年三月中旬，會同有關單位，詳加研討，製定訓練員額之計劃。

第四款　補充與儲備

根據平戰兩時基準員額概數，抗戰期間軍官佐陣亡，及平時不可避免死亡人數，並每年各階軍官佐應行退除役人數，復參酌其他有關資料，詳加研究，預定於三十六年三月製定補充與儲備計劃。

第五款　安置與徵召

查復員計劃，業經逐步實施，除資遣人員不計外，所有復員軍官佐，計約十三萬餘員，其轉業退役辦理情形如下：

甲、留用人員，二萬七千〇二十九人。

乙、轉業人員，六萬九千一百五十三人。

丙、退除役退職人員，四萬二千人。

不合於上項規定者，均予資遣，至徵召部份，已搜集退役人員名冊、在鄉軍官佐名冊、預備軍官名冊等資料，詳細研究中。預計可於三十六年二月底前，先擬定控制辦法，至徵召計劃，須視我國動員情形，分別緩急詳為釐定。

第六款　優秀軍官之選拔

已搜集一部歷年考績特優人員名冊，及適任人員名冊，從事研究，並製定陸海空軍各級部隊長保舉優秀官兵辦法，通令施行，以為選拔之準則。

第七款　學員生之分配

復員以後，關於各單位調用軍官總隊隊員，經擬定各部隊機關學校定員現員報告表，各軍官總隊隊員分階分科統計。至無職軍官之各種安置辦法與處理，悉尊層峰指示，並按國防情形計劃之。並調查統計各軍事學校預定畢業員生照表填報，依據計劃分發之。

第八款　一般資料之搜集

為求整個業務之迅速推進，及各種計劃之逐步實施，故須大量搜集有關資料，以為處理業務之參考。曾經擬定搜集資料辦法，呈准實行，已分別行文各有關單位徵集，並經派員洽索，現已部分收到者，正著手整理研究中。

第九款　統計資料之搜集

前軍事委員會銓敘廳籍錄科移交之統計資料，均係與人事業務有關，刻已分別整理完竣，並復擬定各項人事統計資料之搜集計劃，向各有關單位徵集，其零星送到者，均隨時按種類性質整理分析或調製統計圖表，以備參考。

第十款　同學錄之接管與整理

將原銓敘廳分配科所移交之各軍事學校畢業生同學錄，經依期別隊別編成索引，切實保管，以便有關單位查詢。

第十一款　編制冊籍之清理與保管

舊有編制冊籍，均係由前銓敘廳籍錄科移交，現已按類別分別整理登記，以便查考。

第三節　人事政策業務

第一款　人事行政權責劃分

一、擬具交通警察總隊、保安團隊，及軍用情報人員銓敘辦法，交通警察官佐及情報人員，以及各省保安部隊之銓敘，過去均無明確之規定，已由該廳擬具交通警察總局職責，及所屬交通警察總隊官佐銓敘方案，奉准實施，惟情報人員銓敘辦法，經提聯席會報討論後，尚須第三次人事業務改進會議討論決定，各省保安部隊銓敘方案，亦經擬具簽呈核示中。

二、新成立單位主要人員選派原則

擬具本部新成立單位主要人員選派原則共七條，凡以後發表某人任某職，除祕書副官可帶去外，其內部組織，可由本部負責予以組成，交其使用。彼所推薦之人員，可交由本部另行任用，俾辦事便於澈底，並通令實施。（如附法一）

三、訂定三十六年度軍官佐定期任職辦法

各級軍官佐之任職日期，過去似欠限制，以致調動頻繁，手續紊亂。為期簡明劃一起見，擬具三十六年度軍官佐定期任職辦法，經准公佈實施。（如附法二）

四、頒佈整飭人事紀律命令四點，對於各級軍官佐嚴禁隨意調動，並予以職務上之保障。（如附法三）

五、擬具軍訓業務接管辦法

軍訓部撤銷後，軍訓教官隸屬問題，及其業務應由何處接管案，經邀集有關單位商討，擬具軍訓業務接管辦法，經准通令有關單位遵照，並分呈主席，並會同銓敘部擬具實施辦法。

第二款　整軍及復員人事問題之設計

一、退（除）役及退職方案之擬定

本案擬定於本年度退役一萬員，退職三萬員，轉業退役九萬員。除（退）除役照退役例辦理外，並擬軍用文職退職辦法，於四月間經前軍委會辦制字第九八五七號指令核准施行。

二、退（除）役及退職人員之安置

本案已按照國軍復員官兵安置辦法，陸續辦理中。

三、擬定撤銷或裁減軍官總隊計劃

本案業已簽奉批准，於十二月十八日通令實施。（如附計一）

第三款　業績及考核之指導與實施

一、擬具三十五年年終考績呈報程序及注意事項，隨同考績命令於十月五日通令遵照。

第四款　軍事人事法規之整理與修訂

一、空軍增列通信官

空軍通信人員，在三十一年公佈之空軍官制表定為軍佐，經前航委會迭次呈請以該項人員曾受作戰訓練，且直接參加作戰勤務，請援陸軍通信兵科例，改列軍官等語，核屬必要，經簽准後，轉呈國府修正空軍官制表，並核定空軍通信軍官任官，照空軍軍官佐任官條例及施行細則辦理。

二、修正陸海空軍參謀任職規則

本案經人事業務改進會議通過並通令公佈。（如附法四）

三、擬具復員整軍編餘軍用文職人員申請登記辦法

查戰時編餘軍文申請登記辦法，原規定有效期間六個月，已於九月底屆滿，而未申請之編餘軍文甚多，且整軍尚在繼續進行，經另擬復員整軍編餘軍用文職人員申請登記辦法，函准銓敘部同意，現為完成立法手續，已呈行政院請提國防最高委員會備案。

四、退役軍官佐轉任軍用文官辦法

目前備役軍官佐甚多，而各單位所需軍文人員，常以軍官總隊儲備不多，遴選困難，經依據軍用文官暫行條例第四、五、六各條之第六項，擬具備役軍官佐充任軍用文官辦法四條，但以軍用文官任用暫行條例第二條所舉之職務為限公佈施行。

五、規定退職軍文復任辦法

用文職人員退職後，復任軍職，業經軍文退職辦法

第五、六條之規定。茲為適合目前實際情形，特再規定退職軍文復任辦法四項，通令施行。

附法一　國防部新成立單位主要人員選派原則

一、本部及軍事機關部隊學校之人事任免調補，除另有法令規定外，其新成立單位主要人員之選派，悉依本原則實施之。

二、凡新成立單位，校級以上之主要幕僚人員，均由第一廳第一處及副官處查照編制需要人員，於儲備名冊中選派之。

三、前項儲備人員，由第一廳第一處，及副官處，就歷年及卅五年考績建議，分別編列儲備名簿，並通令中央訓練團，及各分團，各軍官總隊調查甄選適任人員，分類造具名冊（格式另定），呈送本部，審查彙造名冊，以便隨時選調。

四、凡新成立單位主官，所推薦之人員，如係在中央訓練團及各軍官總隊遴選者，准予審核任用，如係無職人員，得由部核其出身、經歷及無職原因，派軍官總隊候用。

五、新成立單位之祕書副官，准由該單位主官在人事法規範圍內，自行遴選，呈由本部審核委派。

六、凡新成立單位，如係經理獨立者，其經理人員任用，由聯勤總司令部經理署負責遴選，按照階級，送由本部第一廳第一處或副官處審核令派之。

七、海空軍新成立單位時，暫由海空軍總司令部依照本原則自行負責辦理之。

附法二　卅六年度軍官佐定期任職辦法

一、本辦法為求統一實施陸海空軍軍官佐之一般任職規定訂定之。

關於任職上一般規定，仍照陸海空軍任職法令辦法。

二、凡陸海空軍少尉（三等佐）以上軍官佐，除特奉交辦及戰陣中或其他特殊情形，必須隨時辦理者外，其餘一律施行定期任職。

三、任職時期規定校級以上於四、十兩月。尉級於一、四、七、十等月行之。

四、任職時，除少校以上主隊職機關學校主官，及編制上規定專職者外，其餘均以通職給委或備案。

五、軍職之缺員，應就左列範圍任用：

1. 各機關學校之缺員，由復員軍官或附員中甄選補充。
2. 各軍（整編師）及其他獨立部隊，由國防部按其編制選撥各軍官總隊隊員，編為該部隊之軍官隊，此項軍官隊由各軍（整編師）及獨立部隊編隊訓練，如編制出缺時，即在該軍官隊中選用，如編制內軍官佐不適任現職時，亦編入此軍官隊受訓，不准隨意免職，並絕對禁止引用候補軍官佐以外人員。

六、軍官佐現職無案人員，統限於卅六年三月底以前按照任免程序報部核委。

七、定期任職之範圍暫定如左：

甲、軍官代理職務之補實。

乙、主官之調任。

丙、軍職之調升。

丁、各種調任。

1. 經歷調任。

2. 職期調任。

3. 補充調任。

4. 配置調任。

八、前項定期任職人員，由各部主官召開銓衡會議論績論資確切評定後，依將級、校級、尉級分案填具建議表（附表一），隨同聯單（附表二），依照任職程序所定期以前呈報國防部核予任職或備案。

前項建議調任人員，其現職須在一年以上者。

九、調任人員之任職，各部主官，須特注意其年資考績，並依照陸海空軍考績規則，遵限呈報，年終考績，必須考績有案，方可核准。

十、各級軍官佐之定期任職，除由各單位按照本辦法七、八兩條建議外，國防部第一廳第一處及副官處，應就候選名簿及考績建議案，對於左列人員檢討調職。

1. 學籍與籍貫之配合運用（主官與經理人員之籍貫迴避之就上校（一等正）以上之人員檢討）。

2. 兵科不符人員，先就特種兵部隊檢討予以調整。

3. 考績案內各機關建議適任隊職，及部隊建議適任參謀教官者，應分階分科彙造名冊，其任職同一職務已屆三年者，應予職期調任，同時已逾一年者，亦應適宜檢討。

前項調任，應就適任名冊中之少校上尉三階，儘可能辦理如左：

1. 上尉連長調任上尉參謀。

2. 中少校營長調任同級參謀或教官。

3. 上尉參謀調任連長。

4. 中少校參謀或教官調任營長團附等。

十一、本辦法自頒佈之日施行。

附表一

第　師官佐軍職任免建議表

區分 \ 建議		升	升				↕
擬任職務		第一師第二團上尉連長	第一師第二團上校團長				1.5
原任職務		第一師第一團中尉連附	第一師第一團中校副團長				1.5
官位		步兵中尉	步兵中校				1.
姓名	官號	張○	唐○				2.
出生年月日		民十二年二月十五日	民一年二月十五日				1.
籍貫		安徽合肥	浙江青田				1.
出身校期科畢業年月日及深造校期		中央軍校一七步卅一年三月畢業	中央軍校六步十八十一畢業陸大十一期廿四四月畢業				2.5
略歷		初任少尉連附歷任排連長	初任一師二團少尉排長歷任排連營團長				2.2
年資	隊職 尉	四年	七年				1.
	隊職 校		五年				1.
	本階	一年	三年				1.
	次階	三年	九年				1.
績等		甲	甲				1.
黨證字號		軍餘字第八○○○○○號	軍餘字第○○○○○○號				1.
抵補何人缺							1.
建議原因							1.
中冊主官審核意見							1.
審擬（或批示）							3.8
附記							← 1.85 →

275公分

附表一填表須知

一、本表除「審核（或批示）」欄各單位填報時不填報外，其餘各欄均須詳細填列。

二、擬任職務欄請任營以下職務時，僅填明某階連長，或某階連附，不填列數字番號，俾各部隊單位可以活用。

三、建議原因欄，如營以下軍官佐，凡合於升調人員，由團長填具建議意見加蓋私章，團以上主官有附具意見加蓋私章核轉之權，但不得逕行批駁。

四、本表填報分類分階分科專報。

五、本表各欄所填係舉範例。

六、原用之任免報告表廢止之。

附表二

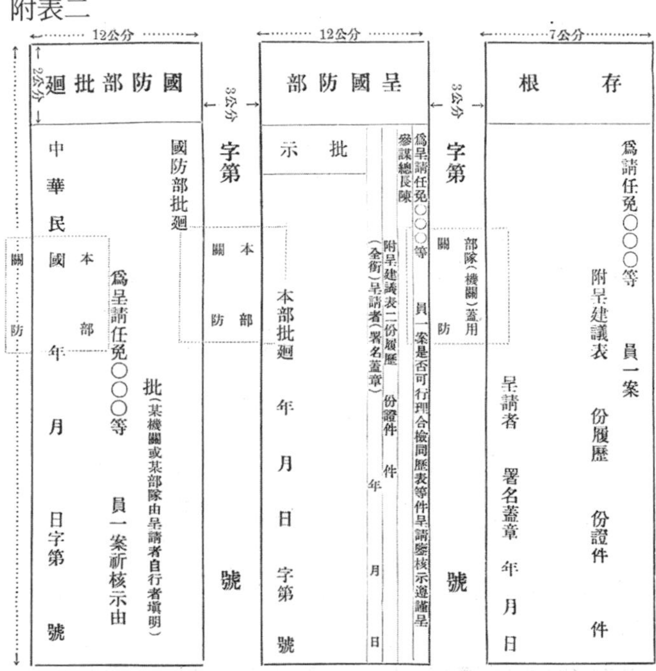

存根

為請任免○○○等　員一案

附呈建議表　份履歷　份證件　件

呈請者　署名蓋章　年　月　日

第　字　號

部隊（機關）蓋用關防

呈國防部

為呈請任免○○○等　員一案是否可行理合檢同歷表等件呈請鑒核示遵謹呈

參謀總長陳

附呈建議表二份履歷　份證件　件

（全銜）呈請者（署名蓋章）

年　月　日

批示

本部批迴　年　月　日　字第　號

本部關防

第　字　號

國防部批迴

國防部批迴

批（某機關或某部隊由呈請者自行者填明）

為呈請任免○○○等　員一案祈核示由

中華民國　年　月　日字第　號

本部關防

附法三　國防部代電

中華民國三十五年十月廿一日

銓政字第〇〇七一號

□□勛鑒，查現時各軍事機關部隊學校之人事，每因主官更動，蒙受影響，調動頻繁，業務停滯，推原其故，實由於各級主官蔑視法令，一般主管人事機構，對於人事無健全控制之方法，有以致此，亟應設法糾正，以重人事紀律，茲規定各級單位對人事必須遵守之要點如下：

（一）各單位主官，對所屬官佐之任免調遣，應絕對遵照人事法規，由主管人事機關統一辦理，不得任意手令委派。

（二）軍官佐任同一職務未滿一年者，除特殊原因外，不予調任。

（三）各單位官佐出缺時，應先在附員中遴選，如附員中無相當人員時，准向就近之軍官總隊選調。如因業務關係，必須向他單位調用現職人員時，應呈國防部核辦，在未核准之先，絕對禁止高階誘致，或先行到職。

（四）各單位如有不適任現職官佐，應於年度考績或定期任職時，建議國防部調職，不得任意免職。

以上四點，除分電外，特電照辦理，並轉飭所屬各單位遵照，為一。

參謀總長陳誠（卅五）政人印

附計一　全國各軍官總隊撤銷或裁減後復員人事計劃

甲、主旨

一、為求適合三十六年度全國各軍官總隊撤銷或裁減後之復員人事處理，特擬定本計劃。

乙、軍官總隊之撤銷與裁減

二、退（除）役及退職隊員，於核定退（除）役或退職，並核發一次退役（職）金後，即須離隊，一面造冊具報，各總（大）隊至遲須於三十六年一月底完成。

三、轉業訓練人員，前往指定地點受訓後（中訓團或省訓團），其轉業退役及領支薪糧等業務，應即由轉業機關辦理，各總（大）隊不再保留名義。

四、經選拔深造隊員，於離隊入學後，即改由收訓學校以入學附員名義核支薪糧，各軍官總（大）隊即予開缺。

五、選調撥補各機關部隊之軍官總（大）隊隊員，在卅五年底未及選定或撥送者，限卅六年一月底以前一律撥送完竣。

六、各軍官總（大）隊應儘速辦理退（除）役轉業及撥調事項，俟其人數減至足以縮編為獨立大隊，或事實上可以撤銷，將餘員編併於其他總（大）隊時，應由中訓團預擬編併或撤銷計劃，遵限實施並分別呈報國防部備查。

七、各軍官總隊應隨隊員之減少情形，每半個月調整一次，以裁減其所轄大隊數目。

丙、軍官總（大）隊隊職人員及調服專勤隊員之處理

八、除適於退（除）役轉業或深造者，照一般規定辦理外，軍官佐應按照各機關部隊預定撥補員額平均配撥先將名冊分行各機關部隊查照，俟軍官總（大）隊裁減或撤銷時，即前往報到服務。

九、所有軍屬及不合退役規定人員概予退職。

丁、三十六年度奉令整編或裁撤之機關部隊

十、各軍官總隊撤銷或裁減後，各部隊奉令編餘軍官佐屬，應由各單位自行成立軍官隊收容。

十一、各部隊自行成立軍官隊收容之編餘人員，其合於退（除）役退職者，應於編餘之一個月內呈報辦理。

十二、三十六年度奉令整編之部隊機關，其編餘人員中優秀之軍官佐並立有功績者，由國防部（第一廳會副官處）統籌辦理補充部隊或機關。

十三、應受轉業訓練人員，由中訓團統籌撥送轉業單位。

戊、三十五年度已裁撤單位所成立軍官隊之處理

十四、已裁撤單位所成立軍官隊之隊員，應行退（除）役退職及撥補者應速呈報辦理，其餘送由中訓團撥交就近軍官總（大）隊收容，再行辦理轉業或深造。

十五、上項已裁撤單位之軍官隊處理限三十六年一月底辦理完竣。

己、自新軍及投誠匪軍官佐之處理

十六、零星收容之自新軍及投誠匪軍官佐，由收容單位按照「陸軍官佐退（除）役及軍文退職人員一次退役（職）金回籍旅費核發辦法」，第四條之規定，以所送名冊少校以上者照少校級，少尉以上上尉以下者照上尉級，准尉照准尉級，發給遣散費，隨即遣散。

十七、如收容之自新軍及投誠匪軍人數較多時，由收容單位先行編隊管訓斟酌情形，適時辦理遣散。

十八、其有正式學資，並確知自新之優秀人員或投誠後確實立有功績者，由收容單位造具名冊呈報核辦。

十九、上項人員，由中訓團核予訓練，其訓練項目以精神訓練為主，俟訓練完竣，經考核合格後，再分發各部隊任用。

附法四　修正陸海空軍參謀任職規則

第一條　各級參謀之任職，除依照陸海空軍軍官佐任職暫行條例辦理外，並依照本規則施行。

第二條　各級參謀以合於左列資格之一者，始得任用之。

甲、陸軍：

（一）曾在國內外陸軍大學校畢業者。

（二）曾受陸軍大學參謀補習班教育者。

（三）曾在國內外陸軍軍官學校，或各兵科

學校畢業，並任軍職三年以上者。

（四）與軍官學校相等之其他軍事學校畢業年限，在一年半以上畢業後，曾任軍職三年以上有參謀能力者。

部隊參謀處長，作戰科長（或作戰參謀），以選用陸軍大學畢業學員為原則，但無適當人選時，依第二、三兩項規定之一辦理。

乙、海軍：

（一）曾在國內外海軍大學校畢業者。

（二）曾在國內外海軍專門學校畢業，及在國內外海軍軍官學校畢業，並任軍職三年以上者。

丙、空軍：

（一）曾在國內外空軍參謀學校畢業者。

（二）曾在國內外軍事航空學校畢業，並任軍職三年以上者。

（三）曾在國內外空軍專門學校畢業，並任軍職五年以上者。

第三條　各獨立單位長官，於每屆考績時，應依照第二條所列資格，將所屬適任參謀人員，按將級與校尉級密呈國防部核辦。

第四條　國防部第一廳第一處，及副官處應會同第一廳第二處，各就所管階級，依照全國參謀職缺令列陸海空軍，及官階以若干倍額選定，適任各級參謀人員，造具名冊簽請核定後，於每屆定期任職時，按各種調職之規定予以調任。

第五條　各級參謀之任職，照一般任命程序辦理。

第六條　國防部有關各單位主官，對各級參謀之遴選與任免，得向參謀總長建議。

第七條　本規則自公佈日施行。

第四節　人事特屬業務

第一款　陸海空軍服制

子、陸軍服制

一、軍常服：軍官佐屬之軍常服制式，業經修正施行。

二、軍便服：軍官佐屬及士兵之軍便服制式，除騎兵部隊之官兵，均改為短袖長褲，及南京區中央軍事機關之軍官佐屬改為長袖長褲，均預定自三十六年度夏季服裝起施行外，其餘仍照現行制式施行。

三、擬定軟式軍帽及帽徽：為適合官兵平戰兩時戴用便利，經倣照美國船形軍便帽，擬定國軍便帽式樣，用國旗作帽徽以示區別，此案正簽請核示中。

四、領章及肩章：軍官佐屬之領章及肩章經改訂制式，以領章表示兵種及業務，肩章表示階級，已交由聯勤總司令部製備，預定自三十六年度夏季服裝起施行配帶。舊式領章同時廢止。士兵均以臂章表示等級，符號表示兵種，領章及肩章概不配用。

五、陸軍通信技術軍士，原規定著軍官佐服裝配帶軍士領章符號，現已重新規定，所有陸軍技術軍士，統照一般軍士服裝辦理，以符體制。

六、各文學校校警多著用陸軍服裝，有礙軍風紀之整飭，經電請教育部取締更改。

丑、海軍服制

一、夏季服裝制式，業經修正，預定三十六年度起施行。

二、冬季服裝制式，改為開領疊襟式，經已公佈施行。

三、改訂海軍夏服肩章及海軍冬服各項辦法，經審議後簽准施行。

寅、空軍服制

該項服制一切仍照原規定施行。

第二款　陸海空軍勛獎

一、擬訂國防部呈請頒授外籍軍事人員勛獎辦法，對於軍事人員之勛獎，過去因無詳細規定，以致各方報請，每失平衡，為改正此項缺點，經制定該項辦法，於十一月公佈施行。（如附法五）

二、擬訂各行轅綏署及戰區長官部代授各項獎章及褒狀辦法。為使綏靖時期，作戰有功官兵，獎不失時起見，特訂頒此項辦法，分電有關行轅綏署及戰區長官部依照施行。（如附法六）

三、修正抗戰紀念章頒發辦法，前軍事委員會所訂抗戰紀念章頒發辦法，限制較嚴，為求適合實際情形，以期普遍頒發起見，經修正凡屬參加抗戰之

陸海空軍准尉以上軍官佐屬，經奉委或核備有案者，均得頒授，本案經奉核定通令施行。（如附法七）

四、重新規定勛奬表尺度，過去勛奬表尺度長短不一，致綴製聯合表時，排列參差，頗不美觀，經規定除一二等寶鼎、雲麾兩種大綬勛表為長七公分寬一公分外，其餘各項勛表，一律為長三公分五寬一公分，又各種奬章及奉准製表有案之各種紀念章表，亦一律規定為長三公分五寬一公分，以資整齊劃一，並已簽奉核定，公佈施行。

五、憲兵司令部為鼓勵憲兵官兵忠勤本職起見，特製訂五年、十年、十五年等四種紀念章，業經呈奉核定准許製佩。

六、國防部成立後各種奬章，係以主席名義頒發，關於奬章製作及其證書並所需經費，已函請國府文官處印鑄局辦理。

七、修正部份：檢討陸海空軍人事法規中，關於勛奬部份，將已不適用之條文與表冊，分別修正或廢止，已與修正人事法規彙編併案處理。

第三款 軍人福利軍郵兌換……等計劃

一、陸海空軍軍人福利軍郵兌換，公共衛生保健，及人事與經理配合等計劃，已分如下兩部份辦理。【前缺】集有關資料，經分電陸海空軍總司令部，及各有關單位蒐集詳加研究。

二、擬具計劃綱要，軍人福利，軍郵兌換，公共衛生保健……等事業辦理之良否，關係全軍士氣盛衰，當此勵行整軍之際，對於軍人福利，尤須特別重視，經已擬訂軍人福利計劃綱要，經簽奉批計劃甚妥，但照實際情形，目前一時難以做到，僅能做為參考，不能公佈。

第四款　人事立法

陸海空軍人事法規卷牒浩繁，經先擬具檢討辦法：

一、現行各項人事法規其程序制度未變，僅機關及主管名稱更改者，簽請修正。

二、本部成立後，其辦理程序及制度均有變更者，提請人事業務改進會議商討決定後，簽請修正。

三、戰時頒布之臨時辦法，或不合於現行組織，勿庸再修改之法令，簽請廢止。

再據此逐類檢討，現經修訂完成者，共十七種，提供人事業務改進會議審核，計已修訂之法規目錄如下：

一、陸軍官佐任官條例。

二、陸軍官佐任官條例施行細則。

三、海軍官佐任官條例。

四、海軍官佐任官條例施行細則。

五、空軍官佐任官條例。

六、空軍官佐任官條例施行細則。

七、陸海空軍官佐服役條例。

八、陸軍官佐服役條例施行細則。

九、陸軍官佐任職條例。

十、陸軍官佐任職條例施行細則。

十一、陸海空軍勛賞條例。

十二、陸海空軍勛賞條例施行細則。

十三、陸海空軍獎勵條例。

十四、陸海空軍獎勵條例施行細則。

十五、陸海空軍官籍規則。

十六、陸軍官佐官組規則。

十七、陸軍官佐資序規則。

第五款　其他重要立法

一、擬訂綏靖戰役帶傷服務官兵提高支薪辦法：為獎勉綏靖戰役帶傷服務官兵，以期鼓勵士氣，增強戰力計，訂定此項辦法，已於本年十一月通令施行。（如附法八）

二、擬訂人事業務改進會議簡則：本部為審議或修改有不適於現狀之人事法規，及解決人事業務處理上發生之困難問題，與謀技術之改進，並加強中央各人事機構之聯繫起見，特規定舉行人事業務改進會議，訂定此項簡則，已分送有關單位遵照。（如附法九）

三、修正空軍公假規則，經審議後施行。（如附件十九【缺】）

四、擬定史政局編譯著述獎勵辦法，經審議後簽准施行。（如附法十）

第六款　特種計劃

一、擬定武裝部隊陸海空軍俘虜之交換及安置辦法

根據戰時俘虜待遇公約，及此次與日德交換俘虜遣送俘虜經過，並蒐集其他有關資料，擬定陸海空軍俘虜之交換，及安置辦法，正在辦理中。

二、擬定管理敵俘敵僑辦法

根據已有法規，「戰俘管理計劃綱要草案」，「中國境內日僑集中管理辦法」，俘虜處理規則等，並與有關機關密切聯繫，及蒐集其他資料，擬定管理敵俘敵僑辦法，正在辦理中。

三、以我國立場，擬訂國際法中陸戰法規及空戰法規，作為外交上之建議

先蒐集第二次大戰期中及勝利後各項重要國際會議，有關陸海空戰各種資料，詳加研究，再加以我國立場，隨時擬訂陸戰海戰空戰各種法規，隨時提出作為外交上之建議。

四、擬訂國際私法中有關陸海空軍人之各種法規

根據國際私法中國籍法，修正陸海空軍婚姻規則，及擬訂國際私法有關之陸海空軍人各種法規，正在辦理中。

第七款　褒揚

軍官佐尊親屬，在抗戰期中於淪陷區死亡，請予題詞案件，經核屬實，函請國府文官處辦理者，計十六件，批復補繳證件再核者，計二十七件。

附法五　國防部呈請頒授外籍軍事人員勛獎辦法

中華民國三十五年十二月二十三日

國防部銓特雜字第一六八號代電公佈

第一條　國防部為獎勵外籍有功軍事人員（以下簡稱外員）起見，得隨時檢討，報請獎敘，除法令別有規定外，悉以本辦法行之。

第二條　左列各單位得報請頒授外員勛獎：

部長及總長辦公室。

國防部直屬之各廳局處。

陸軍海軍空軍各總司令部及聯合勤務總司令部。

各行轅各綏靖公署（各戰區司令長官司令部）。

首都衛戍司令部及各警備（總）司令部。

第三條　各獨立單位（包括部隊機關學校）主官得按外員立功績，隨時向其上級機關申請頒授勛獎。

第四條　外員具有左列各款之一者，得報請頒授勛獎：

一、協助作戰有功，或受傷陣亡者。

二、協助地方治安及救助災難勛勞卓著者。

三、協助國防建設，贊劃匡襄著有勛勞者。

四、協助軍事教育訓練，或擔任運輸工作成績優異者。

第五條　授與外員之勛獎種類等第及敘勛標準，仍依陸海空軍人事法規勛賞，及獎勵條例之規定辦理之。

第六條　各單位報請頒授外員勛獎時，應敘明功績，至授予勛獎章之種類與等第，由國防部按其功績與過去所授勛獎之等第核擬之。

報請外員勛獎應附之表冊如附式一、二、三。

第七條　國防部擬定授予外員勛獎之種類與等第後，應先得各該國政府同意，然後呈請國民政府頒發。

第八條　外員勛獎頒授儀式。

一、頒給高級外員之勛章，並附有授勛詞者，由國民政府主席親授之。頒給一般上級外員，由最高軍事長官親授或派員代表授之。頒給中下級外員及士兵，由各主管官或原呈報機關授與之。必要時，得送由我國駐外使館代為頒授之。

二、獎章由最高軍事長官親授或派員代授，或由主管官授與之。

第九條　本辦法自公佈日施行。

附式一

請頒授外籍軍事人員勛獎名冊

隸屬單位	級職	原文姓名與譯文姓名	立功事蹟	擬頒勛獎	備考

附式二

外籍軍事人員功績調查表	
譯名	
原名	
籍貫	
年齡	
級職	
服務機關	
功績	
備考	

附式三　外籍軍事人員履歷表

相片	譯名		
	原名		
	級職		
	隸屬		
	籍貫		
	軍籍		
	年齡		
	出身		
個性			
特長			
何種民族			
家世及社會地位			
來華以前之職務			
過去在中國之略歷			
現職名義			
現駐（旅行）地			
活動地區			
就職日期		出發日期	
請求日期		到達日期	
核准日期		所持護照（證明書）	
離職 日期		護照頒發日期	
離職 原因去向			
同工作者姓氏			
略歷			

附法六　各行轅綏署暨戰區長官部代授各項獎章及褒狀辦法

中華民國三十五年十一月十七日

國防部銓特雜字〇二二七號代電公佈

一、在綏靖時期為激勵士氣，對於作戰有功官兵，臨時獎勵，免失時效起見，特訂定本辦法。

二、本辦法所定給獎種類如左：

1. 陸海空軍獎章。
2. 光華獎章。
3. 干城獎章。
4. 華胄榮譽獎章。
5. 忠貞獎章。
6. 褒狀。

三、給獎標準依陸海空軍獎勵條例第三條之規定。

四、前項獎章及褒狀預頒左列各單位長官代授：

1. 有關各行轅主任。
2. 有關各綏靖公署主任。
3. 各戰區司令長官。

五、給獎手續：

1. 各部隊於每一戰役告一段落時，將應行獎敘之官兵，列具請獎事蹟表及名冊，報由各該管行轅綏靖主任公署，或戰區長官部核給獎章及褒狀。
2. 給予獎章及褒狀時，同時轉報國防部核轉備案，並由國防部主管單位填發執照。
3. 對於授獎人員應查明過去曾受何種獎章，再行核給，以免重複，其已受有處分者，並應先報請撤銷其處分，如有餘功再予核獎。

六、關於本辦法以外之其他給獎，或授與儀式等事項，均照法規中原有規定程序辦理。

七、本辦法自公佈之日施行。

附法七　修正抗戰紀念章頒發辦法

中華民國三十五年十二月

（卅六）列的第〇二一號

第一條　七七抗戰，為我中華民族抵禦侵略，力持正義進謀世界和平之起點，意義極其重大，特製頒抗戰紀念章及紀念表（以下簡稱紀念章表），用資紀念其頒發標準及手續，悉依本辦法行之。

第二條　紀念章（表）頒發左列人員：

一、在抗戰期中，陸海空軍准尉以上之軍官佐屬，在三十四年八月十四日以前核委，或報備有案者。

二、非陸海空軍軍官佐屬，在抗戰期間曾致力於軍用器材之製造運輸等工作，達五年以上著有效績經證明屬實者。

三、來華參戰一年以上，具有光榮合作之盟國軍官，及同盟國家之軍官，或非軍官，雖未直接來華參戰，但於訓練或運輸上之援助著有效績者。

第三條　紀念章（表）頒發手續：

一、陸海空軍軍官佐屬，合於第二條第一款規定者，由所隸獨立單位長官，造具名冊一份呈請國防部核發（冊式如附表一）。

二、非陸海空軍軍官佐屬，合於第二條第二款規定者，由所隸各院部會或省市主管，造具名冊一份，並檢附證明文件，送國防部核發（冊式如附表二）。

三、盟國軍官或非軍官，合於第二條第三款規定者，由主管部會局依照正常手續，徵取盟軍總部同意，並請其造送，應發紀念章（表）名冊一份，轉送國防部核發（冊式如附表三）。

第四條　各單位長官對請頒發紀念章（表）人員，應詳加考核免致浮濫。

第五條　紀念章（表）遺失概不補發。

第六條　紀念章（表）於著禮服或軍常服時佩帶之，其位置在各種勛獎章（表）之左。

第七條　本辦法自公佈之日施行。

附表一 部隊（機關（學校）請領抗戰紀念章（表）名冊

隸屬	職級	姓名	參加戰役地點及次數	在抗戰期間服務年資	備考
某機關某處	上校科長	○○○		自某年某月至某年某月聯續服某職（或本職）共幾年。	
軍司令部參謀處	上校參謀	○○○	某年月日參加某地戰役。	自某年某月至某年某月聯續服某職（或本職）共幾年。	
陸軍第○師○團	上校團長	○○○	某年月日參加某地戰役。		

附表二 （機關名稱）請領抗戰紀念章（表）名冊

隸屬	職級	姓名	抗戰期間致力何項工作及其服務年資	證明文件	備考
經濟部	荐任技師	○○○	自某年至某年共若干年，在本廠担任技師主持鍊鋼。	技師荐任狀一件某字第號。	
某工廠			(或製造某種機器)工作，供兵工署(或某軍事機關）某項使用，著有成績。	成績證明書一件，某字第號(考績表或獎狀)。	
西南運輸處	委任○級調度員	○○○	自某年至某年共若干年在本處担任車輛調度。	任職證明文件○字第○號。成績證明文件○字第○號。	

附表三 （同盟軍總部）請領抗戰紀念章名冊

隸屬	隸屬英譯文	階級	階級英譯文	姓名	姓名英譯原文名	國籍	來華參戰經過時間	非直接參戰曾於直接或間接援助之績勁	備考
美軍第○軍		上尉				美	某年月來華參戰。在中國戰區歷○年○月。		
派任中國某部隊聯絡員		中校				美	某年月來華担任本部隊聯絡員，共○年○月。		
訓練中國留美海(空)軍人員		上校				美		在美國某地某校訓練中國留美海(空)軍人員，熱心教授，成績卓著。	

附表一說明：

一、標題欄填報獨立單位番號，如陸軍第〇軍或某部某會。

二、隸屬機關欄填獨立單位下之隸承單位。

三、參加戰役欄，務須填駐參戰點，其參戰次數，須逐次分別記載，其直接參戰人員填明參戰次數後，年資欄得略而不填，非直接參戰人員隨同司令部進退者，應將參戰及年資兩欄，同時填載或僅填年資一欄亦可。

四、機關學校之軍官佐屬，僅填報服務年資一欄，其參戰欄可略而不填。

附表二說明：

一、第一行標題填所隸最高單位名稱。

二、隸屬欄填最高單位下之隸屬機構。

三、服務年資欄填註在本業服務年資，如業務同而服務機關不同，前後服務年資得合併計算。

四、證明文件凡與服務年資有關者，無論本機關或軍事機關所頒之文件均認為有效。
五、各欄有不能備載事項，得填入備考欄。
附表三說明：
一、來華參戰欄須填明最初參戰之年月日，及參戰經過時期。
二、凡因參戰來華服行運輸任務，或其他有關軍事任務，以及在本國擔任訓練，我留美海（空）軍官兵之軍官，或非軍官之事績，均填入非直接參戰欄內。

附法八　綏靖戰役帶傷服務官兵提高支薪辦法

中華民國三十五年十一月二十八日
國防部銓特法字〇二三六號代電公佈

第一條　各級官兵因綏靖戰役受傷，而仍能帶傷照常服務者，除按照勛獎及撫卹條例獎卹外，其支薪之提高，依本辦法行之。

第二條　受傷官兵因帶傷服務，使我戰力增強者，得提高一級支薪。
所稱受傷官兵，係指因敵方武力所致，創傷而有出血症狀者而言。

第三條　凡帶重傷不能服務官兵，一律准支上一級薪給。

第四條　前條提高支薪之官兵，其階級仍照編制及原階不改，若其年資已足，遇有上階缺額時，得儘先晉升。

第五條　凡經核定提高支薪之帶傷服務官兵，應製發帶傷服務證明書（如附式一）交由本人收執。
前項帶傷服務證明書，由各所隸高級指揮官核定填發。

第六條　凡持有帶傷服務證明書之官兵，如轉移服務隊屬，或入住聯勤醫院時，均憑證明書發給超級薪餉。

第七條　提高支薪之官兵，於晉級後應行停止。

第八條　提高支薪起算時間，以負傷之月份全月計算支薪，費款由各該部隊經常費內開支，隨同經費報銷。

第九條　每次戰役結束後，由各該高級指揮官查明列冊（如附式二），呈報國防部核備，其有特殊功勛者，得專案呈報。

第十條　本辦法自公佈日起施行。

附式一

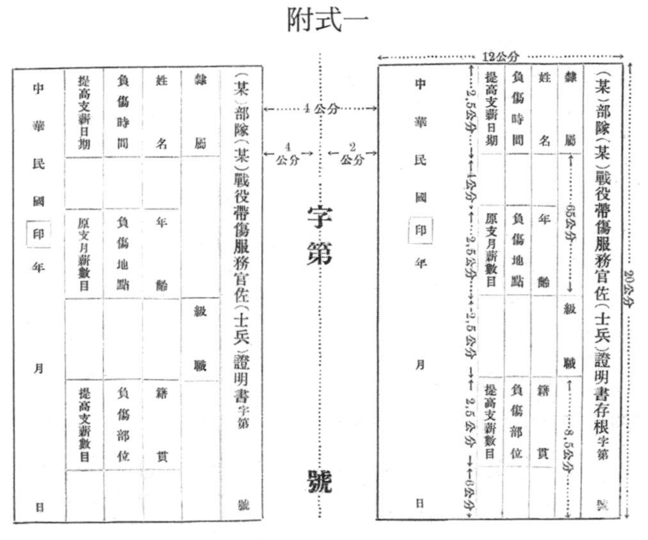
（某）部隊（某）戰役帶傷服務官佐（士兵）證明書存根　字第　號

隸屬	姓名	負傷時間	提高支薪日期
	年齡	負傷地點	原支月薪數目
級職	籍貫	負傷部位	提高支薪數目

中華民國　印　年　月　日

12公分　20公分　2.5公分　4公分　2.5公分　2.5公分　2.5公分　6公分　.65公分　8.5公分

字第　號

4公分　4公分　2公分

（某）部隊（某）戰役帶傷服務官佐（士兵）證明書　字第　號

隸屬	姓名	負傷時間	提高支薪日期
	年齡	負傷地點	原支月薪數目
級職	籍貫	負傷部位	提高支薪數目

中華民國　印　年　月　日

附式二

（某）部隊（某）戰役帶傷服務官佐（士兵）名冊

隊別	級職（或級別）	姓名	負傷情形 時間	負傷情形 地點	負傷情形 傷名	負傷情形 部位	帶傷服務情形	備考
3公分	2公分	2公分	1.5公分	1.5公分	1.5公分	1.5公分	4公分	3公分

附法九　國防部人事業務改進會議簡則（草案）

三十五年十月二日

國防部（卅五）銓特雜字第五七號代電公佈

第一條　國防部為審議或修正有不適於現狀之人事法規，及解決人事業務處理上發生之困難問題，與謀技術之改進，並加強中央各人事機關之聯繫起見，特規定舉行人事業務改進會議（以下簡稱本會議），訂定本簡則施行之。

第二條　本會議定每月舉行一次（每月最後一星期由第一廳臨時承發通知），必要時得臨時召集之。

第三條　本會議以指導人事之參謀次長為主席（次長缺席時由第一廳長代理）。

第四條　本會議出席人員如左：

一、人事參謀次長。

二、軍職人事司司長、文職人事司司長。

三、第一廳廳長、副廳長、辦公室主任、副主任、各處處長。

四、副官處處長

五、各總司令部人事單位主官。

（另第一廳有關人事立法各科科長，副官處有關人事業務各組組長，及各廳局人事管理人員，必要時得通知其列席）。

第五條　會議提案各出席單位，須於會期前一星期送達第一廳，以便彙編議程。

第六條　本會議對部外不行文，有關議案簽核事宜，由第一廳承辦。

第七條　會議紀錄及有關案件由第一廳保管。

第八條　本簡則有未盡事宜，得臨時提出呈請修正之。

第九條　本簡則呈准後施行。

附法十　史料局編譯著述獎勵辦法

三十五年十二月

國防部銓特法字第302號指令修正備案

一、為倡導及鼓勵本局官佐，對戰史與國防軍事有關學術之編譯著述起見，特訂本辦法。

二、凡編著之書籍，其可公開發表者，除本部依照需要印用者外，將版權給與作者，以資獎勵，並普及國防知識。

三、凡不能公開發行，應予保密之著述，及成績特優者，將由本局呈請給予獎金以資鼓勵。

四、凡公開出版之書籍編著者及審查人員，均可列名發表，以明責任，並便查詢。

五、前項著述，如確有特殊價值，有裨國防者及著述勤奮，頗有成績者，得由本局「呈請」依照陸海空軍獎勵條例申請獎勵。

六、本辦法自呈准之日起施行。

第三章　第二廳

第一節　政策計劃

第一款　情報業務之劃分

情報業務，有詳確具體劃分之必要，乃根據本部新機構業務職掌，擬定本部各級情報單位業務職掌劃分表，並於十月二十四日召開本部情報聯席會議，詳細研討議決，通令實施。

第二款　確立全國保密防諜工作實施綱領

我國過去保密防諜工作，系統紊亂，業務重複，連繫失調，致鮮實效，當擬具「全國保密防諜工作實施綱領草案」，由該廳邀集憲兵司令部、警察總署、首都警察廳、交通警察總局及外交部等各機關，於十月二十九日及十一月五日，舉行兩次全國保密防諜聯席會議商決呈核。嗣奉主席（卅五）戍儉侍字第 16265 號代電批示：「原則可行，但所擬不便明令公布，希再研擬具體實施辦法呈核」。遵經再次召集保密防諜會報決定辦理程序，刻正蒐集過去一切相關法令，研擬具體實施辦法中。

第三款　策定卅六年度軍事情報蒐集計劃大綱

軍事情報之策集，所著重者為「綏靖」與「預想敵國」二項，經擬定卅六年度軍事情報蒐集計劃大綱實施，並由各單位根據此大綱，再行擬定詳細計劃及分月進步表。

第四款　邊情研究

國防之要點首在邊疆，而欲明悉邊情，必先對邊疆各民族及其政治、軍事、經濟、社會等各種問題作一綜合之基本研究，以為處理一切有關邊務問題之參考。該廳編纂邊情研究一書，已完成第一部「蒙古概況與對策」，印刷分送本部各級參考。

本書內容計分九目，包含蒙古沙漠盆地之經濟概況，氣溫比較，蒙、滿、回諸族源流系統之研究，諸蒙旗及毗鄰各族關係位置與人口比較，各盟邦旗群首長及其轄佔額數之調查，外蒙行政區劃交通建設及對我侵略情形，以及蒙旗近情，蒙旗自治問題對策之研究等各項圖表，凡一大冊，對蒙古情形作歷史、地理、政治、軍事、經濟、社會等之概略分析，及對策之檢討，堪供處理蒙旗及對外蒙問題參考之用。

第二節　宣傳

第一款　業務綱領及職掌

（一）業務綱領

1. 辦理有關國防軍事宣傳之指導、連繫、運用、監督、控制、檢討及文告。
2. 擔任對國內外，用正常手段以外之各種方法，策動有關國防軍事之實施，並構成情報機構與宣傳機構，或出版界間資料，供給之交流。

（二）職掌

1. 按照大局之演變，參照我國防軍事動向之需要，並針對敵國，響應友國，擬定宣傳方針（包括宣傳反宣傳掩護駁斥），保密標準，及其實施綱領，通報有關宣傳機構，並飭各單位各部隊實施。

2. 根據前項宣傳方針及保密標準，檢查各出版物及新聞稿之刊登內容，通報有關宣傳機構，或飭各單位各部隊酌情協助加強運用，或用諸般手段制壓控制之。
3. 承辦用本部發言人名義之一切宣傳文告，及對新聞界問題之答案。
4. 辦理協助中宣部實施有關國防宣傳之諸般事宜。
5. 審閱國內外各種出版物及新聞稿等，摘其具有情報價值者，供給各級長官或有關單位參考。
6. 以宣傳為掩護，自各報館及會所交通碼頭車站，蒐集宣傳業務參考資料，供給各長官或有關單位。
7. 根據保密標準，審閱本部各單位送請發布之各種資料。
8. 辦理假托側面立場，有關國防軍事宣傳文稿之編撰及發布事項。
9. 利用情報來源，選擇可用正常手段發佈之諸般資料，供給各友方宣傳機構。
10. 利用情報來源，蒐集各方宣傳機構之調查資料，供給宣傳控制機構參考。

第二款　法令規章

（一）政府各部一切行動措施與宣傳配合辦法草案。（附法十一）

（二）本部對於全般軍事消息控制辦法草案。（附法十二）

（三）本部對於各地軍事新聞言論指導辦法草案。

（四）本部接見新聞記者規則。

第三款　宣傳計劃方案

（一）提高國軍士氣宣傳計劃表。（附計二）

（二）本部宣傳方針及實施要領草案。（附法十三）

（三）本部對美國眾議院、軍事委員會、太平洋視察團訪華宣傳計劃。（附計三）

（四）本部國際宣傳方針及實施要領草案。（附法十四）

附法十一　政府各部一切行動措施與宣傳配合辦法草案

（甲）最高指導機構之設立：

1. 以行政院院長（或其代理人）、外交部長、內政部長、中宣部長、國防部長、參謀總長組成之。
2. 每月集會一次，以檢討本月份宣傳效果，決定下月份指導方針，必要時得臨時召集會談。
3. 國防部新聞局長、二廳宣傳處長，於任何集會時，均應列席，以備諮詢。

（乙）嚴格劃分業務範圍以求分工：

1. 中宣部——主管國內外一切社會、政治、經濟及黨的宣傳。

2. 外交部——主管有關外交之一切宣傳。

3. 國防部——主管有關軍事之一切宣傳。

一、新聞局——軍隊宣傳工作，及對民眾作有關軍隊之宣傳並為本部宣傳方面與社會連繫之機構。

二、宣傳處——國內外有關軍事之宣傳及反宣傳之策劃與實施。

（丙）建立各部連繫，非主管部應協助主管部實施一切事項，以求協調合作：

1. 中宣部、國防部、新聞局、二廳宣傳處，每月於最高指導會議後集會一次，互相詳細通報本月宣傳工作檢討與成果，並秉承最高會議之決案，商定下月工作大綱。

2. 各主管官應隨時聚會，不拘形式交換意見，以期應時局之變化，而改進實施辦法等。

3. 各院部均應指定專人負責，與中宣部、國防部、新聞局、宣傳處聯絡。

4. 中宣部、新聞局與宣傳處，秉承最高會議之指導，逐月會同擬訂宣傳綱要，於月底分呈（送）各部轉飭所屬知照，以為遵照主席府軍信字第三八九三號手令要旨，使一切措施切實與宣傳配合之參考。

5. 各院部所有重措施（如影響社會民眾動態者）與宣傳有密切關係者，應事先派連絡員，依措施性質分赴中宣部、新聞局，與二廳宣傳處徵詢意見後再決定實施方式與辦法，俾使政府一切行動及措施與宣傳配合，而無日相矛盾現象，以杜奸匪造謠污衊之機會。

6. 各部任何措施，須利用宣傳輔助以達成時，亦派連絡員，依工作性質，分訪中宣部、新聞局及二廳宣傳處徵求意見與辦法，以求協調與配合，各院部應將一切有關宣傳之措施實施概要，通報中宣部、國防部新聞局及二廳宣傳處。

附法十二　國防部對於全般軍事消息控制辦法草案

第一條　本部為爭取宣傳主動，及求得有關軍事消息之確保機密，擬訂本辦法實施之。

第二條　為防止部屬各機關部隊洩漏軍政機密，或發佈不利與錯誤之消息，應採取「集中控制」，及依照「既定之宣傳及保密計劃」，發佈有關軍事之各項消息。

第三條　本部直屬各單位之一切發佈業務，責成第二廳第二處，按照宣傳及保密方針控制後，交新聞局辦理發佈之事宜。

第四條　本部主管單位應盡量把握時間性隨時將可以發佈之軍事消息，每日按時編送本廳第二處彙送新聞局，轉本京各通訊社報社及外埠通訊社報社之駐京特派員予以發佈。

第五條　每日編送時間以外獲致可發佈之軍事消息時，主管單位應隨時通知第二廳第二處轉知新聞局通知各報社新聞社。

第六條　各報社通訊社自行獲得之軍事消息應通知本部第二廳第二處核校無誤後始可發佈。

第七條　有關軍事宣傳資料，須隨時供給第二廳第二處彙轉新聞局送交各通訊社報社予以發佈。

第八條　第二廳每週應擬訂宣傳方針綱要，頒發本部各單位各地軍政機關，及各有關機構參考協助共同辦理。

第九條　應與各有關機構密切連繫，並考察敦從其對每週宣傳方針綱要之實施情況。

第十條　對各地通訊報社發佈消息之控制，由該地軍政機關辦理，務期與本部宣傳方針綱要相符。

第十一條　凡用國防部發言人及非正常手段發佈事項，由第二廳第二處辦理，因第二廳第二處之性質為（一）參謀總長之主管宣傳直接幕僚，（二）情報機關。

第十二條　本辦法如有未盡事宜，得隨時修正之。

第十三條　本辦法自公佈之日起施行。

附計二　國防部第二廳宣傳處提高國軍士氣宣傳計劃表

處長杜武擬訂

<table>
<tr><td>方針</td><td colspan="3">以提高士氣，增強完成建國之革命意識為目的，特對國軍施以必要之宣傳，以使確認奸匪之亡國陰謀及措施，及自身責任之重大。</td></tr>
<tr><td>宣傳要領</td><td colspan="3">一、使明瞭國內外大勢，確認革命之方向及對象。
二、奸匪之亡國政策及種種摧殘民生之倒行逆施。
1. 出賣祖國之陰謀及事實。
2. 匪區民眾生活之苦狀。
三、提高對家鄉之愛護，而增強對奸匪之憎恨（須強調奸匪不除，返家無望之理論與事實）。
四、強調軍人所負責任之重大光榮及艱鉅，及專一對國家民族之責任感，而摒除個人苟延圖安享受之邪念（特別對官長）。
五、目前一切困苦（著重物質方面），皆由奸匪搗亂及破壞政府法令，阻礙善政推行所致。</td></tr>
<tr><td rowspan="4">實施辦法</td><td>一般的</td><td colspan="2">一、策動新聞界多撰載關於軍人生活及政府對軍人愛護之言論（事實），使國軍直接間接獲致精神上之安慰。
二、組織難民請願團及慰勞隊（策動難民自動組織，政府暗予支持協助），至部隊所在地（作戰地區），向各軍隊請願（保護還鄉）慰勞，藉自難民口中當面申述奸匪暴行及民眾苦況。
三、鼓勵（命令）各部隊政治部，組織各種娛樂隊赴前線慰勞士兵。</td></tr>
<tr><td rowspan="3">具體的</td><td>對象</td><td>手段</td></tr>
<tr><td>長官</td><td>一、分發各種宣傳小冊使之閱讀（內容著重革命意識及奸匪陰謀）。
二、對正當娛樂之宣傳提倡（著重娛樂之方法指導）。
三、提供對士兵精神講話之宣傳資料（摘要提供）。
四、政府及民眾對軍人之愛護崇敬言論（事實）之報導，以提高其榮譽感，而根絕貪污之風。</td></tr>
<tr><td>士兵</td><td>一、分發字畫宣傳品（內容著重奸匪對地方民眾之摧殘蹂躪，及我軍威力之強大）。
二、放映有關電影。
三、提倡正當娛樂之宣傳。
四、提倡識字運動之宣傳……字畫並用。
五、退役後所受國家優待之宣傳……字畫並用。
六、政府及民眾對軍人之愛護及崇敬之報導。</td></tr>
<tr><td>附記</td><td colspan="3">一、國軍士氣之消沉，繫於物質者半，繫於精神者半，要使為官長者愛護部屬，戒絕貪污，俾士兵餐得一飽，宿得一安，此對精神上之安慰影響最大。
二、宣傳之效，事倍功半，實際行動之效，乃獲全功。故除宣傳外宜注重實際行動之慰藉（如部隊政工隊之赴最前線慰勞，宜廣泛鼓勵推行）。
三、部隊長官腐化貪污，足使士氣消沉，及官兵離心離德，欲去此弊，須自上者以身作則，以信譽影響部屬，以法威禁絕貪污。
四、宣傳之方法極多，而其內容尤不可一成不變，如能利用某一特殊事件而擴大宣傳，收效之宏，當可想像。</td></tr>
</table>

附法十三　國防部第二廳宣傳處方針及實施要領草案

一、前言

數月以來，奸匪以其一貫陽奉陰違之作風，雖從事和平談判，聲言遵守協議，然實際上則稱兵割據，破壞統一之事實，比比皆是，其企圖分裂國家，以武力奪取政權，毫無和平誠意之陰謀，自馬司申明發表後，昭然若揭，惟我政府仍一本政治談判之方針，以求國是全般之解決，此迨已於主席八一四文告中昭示國人，以為今後處理時局之最高準繩矣，是則宣傳方針，為適應今後局勢之急遽變化，及配合主席八一四文告之指示，並繼續力求爭取國內外輿論之同情支持，實有慎重考慮，重加擬定之必要。

二、宣傳方針及實施要領

甲、宣傳方針

宣傳工作，應以爭取國內外思想上之主動同情與行動上之支援為目的，確切遵從配合主席八一四文告闡示各點，宣揚政府以政治和平手段解決國是之誠意與決心，並製造輿論支持政府，要求共軍撤出若干已經構成和平威脅，和阻礙交通的地區，及為達到目的被迫而採取軍事行動。並相機捕捉狀況，利用諸般手段，實施反間宣傳，使我政策推行容易。

乙、實施要領

（一）一般宣傳，由本部第二廳宣傳處擬定方針及實施要領，交新聞局、中宣部參考辦理。

1. 確據和平建國綱領為施政之準繩，及政府對於擴大基礎，邀請各黨派無黨派人士參加之誠意與決心，廣發言論，痛斥奸黨企圖以武力奪取政權及本質的係一武裝政黨之非是，及進而威脅世界和平之後果，以提醒國內外人士之警惕，而獲輿論上之同情與支援。

2. 強調政府對政治協商會議所有協議遵守之誠意與決心，以反證奸黨利用談判為遂行割據分裂之陰謀。

3. 宣揚政府對使人民安居樂業，解除和平威脅及竭盡職責，保障人民生命財產安全之決心，以造成支持我出於必要時不得不採取軍事行動之輿論。

4. 宣揚我政府之威信，透示武力之強大，並強調政府以往之讓步，均係出於最大容忍，爭取和平，促人民確切認明政府之寬大與苦心，並應對政府確具信心。

（二）軍事宣傳由本部第二廳宣傳處辦理。

1. 以奸黨在各地之各種軍事行動為根據，總揭發奸匪違反協定之主要違法運動，以強態度，宣佈奸匪策動內亂，已超過全世界愛好和平者所能容忍之限度，我政府為消弭變亂，掃除荊棘，以建設統一民主國家職責上，不容坐視。

2. 配合情況，須要擴大宣傳匪區暴行，以政府應人民之申請弔民伐罪，掩護我諸般軍事行動。

3. 盡一切反間手段，瓦解奸匪意志，誘敵判斷錯誤，並轉移其對我不利之諸般軍事策動，以使我方出於不得已之軍事行動有利。

4. 必要時製造事件，擴大宣傳，補助達成以上各項宣傳之目的。

附計三　國防部第二廳對美國眾議院軍事委員會太平洋視察團訪華宣傳計劃

三十五年八月宣傳處訂

<table>
<tr><th>區分</th><th colspan="3">內容</th><th>備考</th></tr>
<tr><td>目的</td><td colspan="3">一、使該團澈底明瞭奸匪種種禍國殃民之措施，武力割據之陰謀，及反民主進而危害世界和平之事實。
二、提供該團各種材料，俾返國後提出美國會，以使美國會將討論美軍事援華等案時，對我發生有利影響。</td><td></td></tr>
<tr><td>要領</td><td colspan="3">一、蒐集有關奸匪之陰謀及破壞協定，違反民主進而危害世界和平等資料，撰寫卷稿，逕送該團參考，或在報章及其他側方披露透露。
二、控制宣傳機構使輿論與我宣傳方針符合。
三、事先招待記者（友方）歡宴，請屆時予以合作。</td><td></td></tr>
<tr><td rowspan="5">實施原則</td><td colspan="3">宣傳資料之整備</td><td></td></tr>
<tr><td>內容</td><td>處理</td><td>承辦單位</td><td rowspan="2">英文稿一份，由本廳二司透露美駐華武官一份送該團，中文稿送中央社，指定該團在京時發表。</td></tr>
<tr><td>蘇聯供給奸匪人員物資，使其抗拒政府之資料。</td><td>將文字與原件完全變換作歪曲同工之宣傳稿三篇（中文一英文二），分送該團美駐華武官及中央社。</td><td>宣傳處</td></tr>
<tr><td>已公佈之一般匪情綜合報告（注意宣傳效用）附要圖，注意奸匪態勢與停戰協定之出入。</td><td>中文稿呈各長官存閱，譯成英文稿二份，一份交二司送該團，一份送宣傳處。</td><td>宣傳處</td><td></td></tr>
<tr><td>安平事件經過。</td><td>整理材料譯成英文，正式提交該團。</td><td>宣傳處</td><td></td></tr>
</table>

區分	內容			備考
實施原則	調處經過及失敗之原委。	撰寫專稿，注意基本思想手段及誠意之論列，並申論美國輿論有失向九一八至珍珠港歷史重演之危機，而以列舉日本南進前我歷次警告英美，並透露日本南進情報與英美均被忽略之事實而警告美國。	宣傳處	撰稿注重事實之論列，切避因文采之修飾而失重點。
	蒙古軍備及蘇聯在蒙兵力之報導。	撰寫綜合報告，譯成英文交二司透露美武官。	宣傳處	如屬可能，該項材料可併入匪情綜合報告稿內敘述。
	重要奸匪暴行。	撰稿但特別說明其違反大西洋憲章，及前羅斯福總統揭佈四大自由之原則，及違反基督教精神之罪行。	宣傳處	以上各項為文，須避免宣傳老調，用證據及邏輯採用逐層論列。
	事務處理			
	內容		承辦單位	
	1. 與美軍部連繫排定該團在華日程，以定宣傳程序及實施計劃。		第二司	
	2. 控制各地奸黨投機煽動異動。		第一司	
	3. 與美軍招待人員連繫，一切宴會均須邀本部招待員作陪。		第一司	
	4. 派員隨同該代表團招待，監視其接觸人員並調查談話內容。		第一司	
	5. 呈報各長官發言協調之原則（以委座八一四宣言為根據並以本身業務為限）。		宣傳處	
	6. 副廳長設宴招待友方新聞界，以便屆時請予合作		宣傳處	
附記	一、本計劃內資料蒐集整備列項目詳情另見專稿。 二、將各有關單位（如新聞局中宣部）供給材料。 三、材料之撰寫須重事實之論列，切避文采之修飾而失重心。 四、事務處理欄內第一、三、四項事先派李主任至滬妥籌辦理。 五、本計劃僅列原則，詳細情形由各承辦單位自行擬訂實施。			

附法十四　國防部第二廳宣傳處國際宣傳方針及實施要領草案

一、前言

邇來國際（蘇聯除外）對我國之一般言論，其同情支持我政府者固十之八九，惟其中因對我國內情形未盡十分明瞭，及受敵國或奸匪宣傳之感染，致對我政府發生誤解，進而同情奸匪者亦時有所聞，此種現象之存在，勢將影響我之國際令譽，甚至因國際關係而牽涉政令之推行，是則吾人之對策最重要者，為去其舊觀感，予以新印象，然恆諸人之常情，欲予彼以新印象，易去彼之舊印象，難故宣傳工作，應二者相輔而行，且進行時，不但需要發動展開，尤須注意持久，雖同一之事實，亦憚反複宣揚，藉收潛移默化之功，再者國際人士一般對數字均極重視，故凡事最好能舉出事實，列報數字，切忌一本過去空泛宣傳之作風，予敵對以反辯之機會，此為宣傳工作所者最宜注意者也。

二、宣傳方針

以使國際明瞭我國內情形，及奸匪企圖武力割據破壞和平之陰謀，展開宣傳，藉造成對我有利之輿論，而轉變對我之錯誤觀感。

三、實施機構及內容指導

宣傳工作，主由中宣部辦理，而由本部提供意見及資料，並請外交部予以協助。

甲、主動宣傳：

1. 宣揚我政府之政治設施，及本黨對我國歷次革命，尤其對日抗戰之領導事實（功績）。
2. 報導我政府統治區域內，人民充分獲得各種自由之事實。
3. 抗日戰爭中，奸匪利用機會，擴張勢力，侵佔地盤，甚至襲擊國軍之事實報導。
4. 根據主席八一四文告，對處理時局方針各點，闡釋政府之各種設施，並反證列舉奸匪破壞之事實。

5. 揭發鼓吸奸匪企圖全面赤化中國之陰謀，進而對世界和平威脅之危險性。
6. 暴露奸匪欺騙群眾，及剝奪人民自由（尤其信仰自由）之各種措施（列舉事實）。
7. 自側面透漏奸匪受蘇接濟之事實（注意列舉數字及時間）。

乙、對宣傳戰：

1. 對敵國惡意宣傳之辯駁（材料視對象而定）。
2. 對奸匪宣傳慣技之總揭發。
3. 對奸匪中傷宣傳之辯駁（注意反證其過去各種宣傳之虛偽內幕）。
4. 擴大轉載友國對我有利之宣傳文稿。

四、實施要領

1. 建立宣傳信用。
2. 宣傳手段，以撰寫專稿為原則，分向國內外有名報章雜誌投寄發表。
3. 重要之宣傳稿，由本部印成小冊，分寄我駐外武官署直接從事國外宣傳。
4. 根據事實發動中外記者（注重各盟國尤其美國之駐華記者）撰寫文稿發表。
5. 將各記者發表之對我有利之文稿（尤其露暴奸匪統治各種倒行逆施之報導）加以擴大轉載宣傳。
6. 重要文稿應予反複登載。

第三節　國內情報

國內情報業務，擔任蒐集、整理、研判，分送並擬定計劃，指示各主要司令部之蒐集要領，監督其業務之推行，與夫情報人員之分配、派遣、考核、督導，及有關各單位之連絡等。

第一款　綏靖戰場

綏靖戰場業務，包括各地軍事情勢，匪軍動態及政治、經濟、社會、交通等諸般情報之蒐集整理研究，判斷所得已編纂印發之重要資料，為三十五年度城鎮克失表。現正著手編纂之重要資料計有：

（一）蘇魯地區匪情檢討。

（二）黃河以南散匪活動概況。

（三）奸匪戰鬥之研究。

（四）奸匪戰力判斷表。

（五）華北地區奸匪實力檢討。

（六）綏靖月報。

第二款　邊疆

邊疆業務，包括邊區軍事情勢，邊疆各民族動態及政治、經濟、社會、交通等諸般情報之蒐集整理研究，除定期編纂邊疆週報外，已編印之重要資料，有「滇緬未定界區問題之研究」。現正著手編纂者有：

（一）外蒙概況。

（二）西藏手冊。

（三）新疆手冊等。

第三款　地圖及兵誌

地圖兵要地誌業務，為兵要地誌資料之蒐集整理編纂調製圖表，及地圖設計，與測量有關之建議暨審核等事宜。前後接收兵誌計五十三箱，除已整清二十五箱外，其餘兵誌正著手整理中。關於東九省及熱、察、綏、寧、新等省兵要地誌，亦同時開始編纂。

第四款　報告編纂

報告編纂業務，包括國內情報圖書資料之整理研判，報告編纂印刷品之管理及分送等，現已編印之重要資料計有：

（一）奸匪行政系統及區分調查表。

（二）鐵道防護參考。

（三）民盟內幕。

（四）奸匪特工之一般。

編纂中之重要資料計有：

（一）奸匪後方設施。

（二）奸匪黨務組織系統表。

擬編印之重要資料：

（一）奸匪人物誌。

（二）奸匪土地政策之研究及對策。

第五款　勤務指導

勤務指導業務，為根據情報計劃選派暨考核國內情報人員，並指導其實施。

第四節　國外情報

第一款　工作方針

以我國利益為主眼，依據第三次世界大戰之不可避免之假定，預想未來大戰中之敵國及與國，並就目前世界，尤其歐洲之政治糾紛與軍事對峙態勢，以蒐集有關各國軍事、政治、外交、經濟之情報與資料，加以整理判斷，以配合國內剿匪工作。適時提出報告或纂成資料，以為綏靖地方整備國防之參考。

第二款　業務綱領

國外情報業務綱領，為分區建立情報網，蒐集各該地區之軍備、政治、經濟、外交、國防、資源、軍需、工業、兵要地誌及戰略戰術運用、動員、復員情形等情報與資料。加以整理研判編纂，而後分別報告及分送。

第三款　業務劃分

（一）亞洲區。
（二）歐非地區。
（三）美澳洲區。
（四）報告編纂管理印刷及分送。
（五）外事連絡。
（六）海空軍情報之搜整及連絡。
（七）武官指導。

第四款　資料整理與編纂

前軍令部移交之資料，集中整理，分類編號，俾免資料分散，並編纂第一期至第十一期週報，與各種專題研究報告，調製圖表，編印國內要聞旬刊一至三期，國際大事記一至三期，譯編瑞士雪地戰說明書與山地戰瑞士兵役制度考參考書八部，及有關基本資料等。

第五節　電訊

第一款　通信及口信

（一）通訊電台

1. 任務與性質：以迅確祕密通訊方式，傳遞國內外各地情報諜報。
2. 部署：其重點以華北、東北及邊疆為主，華中、華南及國外次之。
3. 工作概況：
   (1) 保持原有通訊制度：遠距離電台，採取轉報制，近距離電台，則用直通制。支台負責聯絡，距離較遠不能與總台直通之電台，並負責轉遞情報之責。
   (2) 成立戰訊發佈組電台：為求各地戰訊發佈迅確起見，於三十五年八月成立戰訊發佈組，各配電台一座，專與南京總台聯絡，傳遞戰訊，收效頗佳。
   (3) 分區視察：十月間曾派視察員分赴華北、東北及華南三區視察，歷二月竣事。視察結果，各台多以待遇過薄，事務條件不夠，均在艱難困苦中維持工作，茲正根據視察報告設法改善中。

（二）工務

1. 器材補充：本部成立之初，因業務之編併擴充，且原有器材多屬陳舊，加以復員運輸之困難，電機殊感不敷，煞費籌劃，始得勉維工作，茲將辦理經過分述如下：

(1)先後向前軍統局借撥大型電機，撥交各台使用。

(2)利用前軍令部所存美金採購器材一批，現尚未運到。

(3)接收利用國際問題研究所、前軍委會技術室及台灣接收之器材，惟其大部均舊損或不合應用，已移技術實驗室充研究資料。

2. 電機之整理：各單位現有電機，其中逾齡舊損效率欠佳者頗多，在物力維艱之條件下，自應設法應用，由該廳成立修理間，承修各單位電機，推進通訊總台修理工作。

3. 稽核：加強器材稽核工作，其目的在明瞭各單位器材出納使用情形，以期物盡其用，並作適度之調節。

（三）口令信號與識別旗

本年度係將已編頒之口信密本，依前例按全國戰區劃為九個口信區域，分別規定使用，明年度上半年須編定新口信密本換用。

第二款　電信防諜保密

（一）通訊保密

1. 通訊保密：頗關重要，曾先後編印「長途電話保密注意」及「通信保密」，分別頒發各單位，以提高警覺性。復統一編發「陸海空軍混合制呼號波段表」（包括機密呼號表十一、十二月份，機密呼號分配表十一、十二月份，波段分配表機密呼號及波段運用須知），至電話暗語電報密本等，則逕由該廳研究編發。

2. 更替：本項業務除方針綱要與作戰有關，應由該廳辦理外，其餘設計、考核、監督、教育等項，均由聯勤總部通訊署辦理。

（二）電訊監察

1. 主旨：以調查及使用無線電，偵測技術，防止一切不法敵諜電台之祕密活動，及我方電台為敵諜利用。

2. 區分及實施：

⑴劃分全國為十個電信監察區，於各該區之首鎮設科，遇必要時，由各地區科派遣小組，各電信監察區域劃分如附表。（附表七）

⑵以經常調查全國無線電台，並使用技術偵測，防止一切不法祕密電台之活動。

⑶電信監察實施辦法如附件。（附法十五）

3. 工作成果：本年下半年內，由於上項措置，而破獲之非法祕密電台，計共十五座。

（三）軍訊監督

1. 主旨：防止國軍通訊部隊，在使用有無線電通訊時洩漏軍機。

2. 區分及實施：

⑴基於國軍通訊洩密之嚴重，截止本年十二月止，監督電台機器已逐漸增至六部，人員擴充至二十六人，工作分配如下，以兩機偵聽東北，兩機偵聽蘇北，一機偵聽徐州綏靖公署，一機偵聽鄭州綏靖公署。

⑵實施偵聽後，本年度計偵獲通訊犯規電報二一六一八次，均按其情節之輕重，查明責任，分別令飭嚴予糾正或懲處。

3. 工作成果：本年度監督國軍通訊保密，由於監督電台人機之加強，及犯規糾正處分之嚴格執行，就大體言，國軍通訊保密情形，已有顯著之進步。

第三款　軍用氣象

此次太平洋戰爭爆發後，美國與我國簽訂協定，組織中美特種技術合作所，該所之下，設有氣象組，下設氣象站，分佈全國各地（包括當時之陷區）。參加工作者，多為中美雙方之氣象專家，勝利後改組為氣象總站。自三十五年十月份起由該廳辦理，現有總站一、一等站十二、二等站二十二、三等站六。

附表七　電信監察區域表

區分	設科地點	區分	設科地點
東九省區	長春	粵桂區	廣州
冀魯晉熱察綏區	北平	滇黔區	昆明
蘇浙皖區	南京	川康區	重慶
豫鄂湘區	漢口	陝甘寧青區	西安
閩贛台區	福州	新疆區	迪化

附法十五　電信監察實施辦法

三十五年四月十七日軍委會辦制字第九八八六號令准

三十五年九月二十一日國防部電信防諜會議修訂

第一條　為防止危害國家安全之非法通訊，並監察全國無線電信，是否恪遵政府頒布有關電信之一切法令起見，特制定本辦法。

第二條　為完成全國電信監察網，將全國劃為若干電信監察區（以下簡稱本區），每區設一電信監察機關，配屬當地最高治安機關執行監察任務。

第三條　凡軍用電台，必須領有國防部發給之軍用無線電台登記證，專用電台必須領有交通部發給之專用無線電台執照，設台人或設台機關領到證照時，應將各項電台名稱、台址、呼號、週率、聯絡單位、機件、程式、電力、證照、字號、負責人姓名等項，報告各該區電信監察主管機關備查，如其呼號、週率、台址經核准變更時，並應隨時報告之。

第四條　凡民用航行電台（飛機船舶），必須領有交通部證照，並將台名、呼號、週率、聯絡單位、地點、活動範圍、機件、程式、電力、電台、主官姓名等項（格式如附表一）【缺】，依式填送其活動範圍內各區電信監察機關備查。

第五條　關於軍用航行電台，應由主管機關，將台名、呼號、週率、連絡單位、地點、活動範圍、機件、程式、電力、主官姓名等項，隨時通知電信監察主管機關備查。

第六條　關於國際航行電台，應照國際電信公約之規定辦理，惟在停航中，如有擅自通信，得由當地電信監督機關，會同交通部或其所屬電信機關派員制止之。

第七條　關於國營電台、名稱、台址、呼號、週率、連絡單位、地點、機件、程式、電力、主官姓名等項，應由當地國營電信機關，通知該區電信監察機關備查。

第八條　關於學術試驗無線電台，應照交通部公佈之學術試驗無線電台設置規則之規定辦理，並將所領交通部發給之執照，送由該區電信監察機關註記備查。

第九條　關於廣播無線電台，應照交通部公佈之廣播無線電台設置規則之規定辦理，並將所領交通部發給之許可證，送由該區電信監察機關註記備查。

第十條　凡在各區內之電台撤銷或離境時，應通知該管區電信監察機關註記。

第十一條　各區電信監察機關，如發現該區某電台之通信，有不合規定，或可疑時，得派員查詢之。

第十二條　凡經登記之收音機，不得作為收報之用，惟經核准有案者，不在此限。

第十三條　凡為業務需要設置收報機者，應領有交通部發給之證件，交通部於核准時，並通知電信監察關機關註記備查。

第十四條　交通部於核准經營購買或進口轉口無線電發射用品，及接收等幅波之整架整照時，並同時通知電信監察機關註記備查，其廠商器材、產銷、出納、稽核辦法，由交通部另訂之。

第十五條　各區電信監察機關，如發現無線電器材廠商有不合規定或可疑時，得派員查詢之。

第十六條　各區電信監察機關派員執行任務時，應出示證件，被查詢之電台，及無線電器材廠商，應盡量答覆，不得藉故拒絕，執行人員不得無故滋擾，並應保守機密。

第十七條　各區電信監察機關執行任務，遇有必要時，得商請當地警憲及有關機關派員協助之。

第十八條　凡有違反本辦法之規定者，電信監察機關得請由當地治安機關，按其情藉輕重作下列處置：

一、其情節較輕者，通知其主管機關糾正或議處。

二、其情節較重者，屬於電台者，得卸除其天線或截斷電源，或暫予封閉，屬於廠商者，得將其器材封存，但違章人能遵命糾正，應即准其恢復原狀。

三、其情節重大者，除依法向司法或軍法機關檢舉外，必要時，並得請求當地憲警機關，先行查封證物，逮捕嫌疑人。

第六節　資料

第一款　國內外人物紀錄

（一）主旨

搜集國內外重要人物之生平事蹟及思想、言論、動態等資料，編纂製卡，進而研究各國政府機構，黨派團體組織序列等，以為判斷其內外政策，施政情形與演變趨勢之準繩，提供各級長官與有關方面之參考。

（二）工作計劃

本項業務計劃分二期實施，第一期自三十五年十月至十二月，著眼於資料之蒐集與整理。第二期自三十六年一月至三月，一方面繼續蒐集與整理，一方面就既獲資料著手編纂，製成簡明卡片。至於資料之蒐集，則擬蒐集計劃分由國內外有關單位代為蒐集之。

（三）業務實施

本項業務，經區分為亞洲、蘇聯、歐、非、美、澳編審等六個組。前五組分任各管地區人物資料之調查，蒐集整理編纂之責，編審組則擔任審核、整編、保管等事宜，截至本年底止，各國重要人物紀錄，業經就既獲資料整理，分類竣事，又國軍上校以主官性能調查專案，亦由該廳辦理經劃併國內組兼管之。

第二款　圖書照相檔案

有關國防圖書資料照片及檔案之整理保管等業務，自三十五年十月一日起至十二月底止，已按照預定計劃完成，現存圖書資料照片檔案等之調查，及圖書資料室之設計籌劃諸事宜，並接受各單位移交之圖書伍萬餘冊，及資料伍拾箱、照片兩箱、檔案叁拾箱，並已著手登記，分類製卡，編目等工作，一俟書櫃書架等用具製成後，即可通報各單位，依照借閱章則借閱參考。

第三款　重要資料編纂

（一）定期刊物

1. 週報：綜合一週匪情及有關奸匪政治、經濟、文化動態，彙編週報，以供指揮作戰之參考，現已出版至十一期。
2. 國際大事記：蒐集世界各國有關國防軍事政治、經濟、社會、交通動態編纂而成，每月中旬出版一次，分發各軍事機關部隊學校參考，已出版兩期。

（二）參考資料

1. 作戰指導叢書
   (1) 嚴寒地帶作戰之特性及對策。
   (2) 綏靖謀略游擊戰法。
   (3) 奸匪盤據地區作戰實施要領。
2. 奸匪問題書籍
   (1) 奸匪經濟及宣傳活動概況。
   (2) 奸匪部隊機關服務日俘僑調查表。
   (3) 奸匪諜報人員暗號標記及活動概況。
3. 其他
   (1) 蘇聯空軍陸戰隊編訓概況。
   (2) 第一屆第二次聯合國大會之研究。

第四款　日俘僑之遣送

（一）部署

1. 三十四年十二月二十五日，在滬召集中美聯合會議，商討中國戰區日俘僑遣送計劃。
2. 各地區成立日俘僑管理處（所），分別集中該區內之日俘僑。

3. 在塘沽、青島、連雲港、上海、高雄、基隆、廈門、汕頭、廣州、三亞、海口、海防等地，成立港口司令部後，又在東北成立秦葫港口司令部。

（二）集中及遣送

蒐集有關業務及國防重要資料，加以整理研究，編成專冊以供參考，十至十二月編印者，計有：

1. 集中情形：中國戰區境內集中日俘一、二五五、〇〇〇人，日僑七八四、九七四人，東北九省計有日俘僑一、四五〇、〇〇〇人，中國境內（東北除外）集中韓籍俘僑六五、三六三人，韓國光復軍八四一人，另有在日軍部隊內服務之台籍官兵及僑民共四四、一一八人。
2. 區域劃分：冀晉綏日俘僑，由塘沽出口；魯省及蘇北，由青島、連雲港出口；湘、鄂、豫、贛、蘇、浙地區由上海出口；台灣地區分由高雄、基隆出口；閩省由廈門出口；廣東地區分由汕頭、廣州、三亞、海口出口；越北地區則悉由海防出口。
3. 遣送人數：截至三十五年十二月止，共遣出日俘僑三、一四六、五三一人。

（三）東北遣送日俘僑概況

1. 東北蘇軍撤退時，除擄去前日本關東軍約八十餘萬人外，在東北殘留之日俘僑，約共一、四五〇、〇〇〇人。

2. 東北日俘僑悉從葫蘆島出港，截至三十五年十二月止，我軍收復區內，除徵用少數日籍技術人員外，均已遣送完畢，惟大連地區現仍為蘇軍佔領，尚有日俘僑約三十萬人，迄未遣送。

第五款　徵用日籍技術人員

（一）經過概要

自日本投降後，收復區內各機關工廠，經我方接收後，為繼續工作，恢復收復區生產，各方均需用大量技術人員。其時我原有技術人員，均尚滯留後方，無以應急需，因之各方紛紛申請准予徵用日籍技術人員，當經前中國陸軍總司令部核准，惟限於三十五年六月底解徵遣送，以卯微慎健電通令全國遵照，本年六月因各方繼續有此需要，本部以主席蔣卅五午銑機軍處三通令，另飭各徵用機關，將徵用日人分志願、長期徵用及不願徵用兩種分別報部，其不願徵用者，一律於三十五年十二月以前遣送，並於十月廿一日召集各有關部會商討徵用日籍技術人員辦法，並改善其待遇。

（二）徵用人數

截至三十五年十二月底止，全國各地區徵用日籍技術人員共計二〇、八二八人（內含眷屬六、七九六人），其技術種類，計礦務九二九人，工廠三、二八二人，鐵路一、二七八人，農業一九七人，通信五七八人，衛生三七八人，工程三一五人，文化一、一〇二人，其他九、四六四人。

此項業務，經於三十五年十月二十一日徵用日籍技術人員討論會議，決於三十五年底移交行政院接管，並已於三十六年元月八日正式交接完畢。

第六款　戰犯管理

（一）機構

為處理戰犯業務，經奉准成立政戰罪犯管理處理委員會，由前軍令部第二廳（現本部第二廳）、軍政部（現本部軍法處）、外交部、司法行政部、行政院祕書處、聯合國戰罪審查委員會、遠東及太平洋分會等六機關組成，承辦處理戰犯之指導審議等業務，每星期召集期常會一次，計已召開五十六次，及處理戰犯政策會議一次。

（二）戰犯名單審查

1. 現已核列頒發戰犯名單十九批。
2. 業經審編之戰罪案件，計有一〇七、〇四〇宗，待審案件六四、一一二宗。
3. 以上遠東分會及戰爭罪犯處理委員會所通過之名單內，因姓名不詳或姓名雷同及罪證不足者，經議決須再檢討，重列名單，以昭慎重，現正辦理中。

（三）逮捕

1. 各地區業經逮捕之戰犯，計有一、一一一名。

2. 戰罪嫌疑二、一〇四名。
3. 由盟軍引渡戰犯，計美八一名、英一六名、法八名、澳四名。

第七款 接收國際問題研究所

本年八月間主席蔣以府軍信字第三五九六號代電，飭將前軍事委員會國際問題研究所結束，並以府軍信字第三九五五號代電飭由該廳統一接收辦理，接收情形如次：

（一）區分

國際問題研究所，所設機構，各地多有，故須分區接收，經分別核定，派出上海、南京、北平、重慶四個接收小組，分赴各地辦理接收事宜。

1. 南京組於十月二十五日開始接收。
2. 上海組接收人員，於十月二十五日晚出發赴滬。
3. 北平組接收人員，原在北平接收日本中亞細亞協會圖書，當飭就近辦理。
4. 重慶組接收人員，於十月二十五日，由京出發飛渝。

（二）接收項目及處置辦法

1. 圖書、檔案、文具，以整理運京研究為原則。
2. 通訊、印刷、交通器材，以運京為原則，其破壞不堪者，得請示決定處置。
3. 武器、彈藥移交重慶行營。（重慶組）
4. 木器、炊具估計其價值及運京費用，兩相比較，由接收組電部請示以定運京使用，或就地拍賣。

5. 房屋

⑴一律取得合法權益。

⑵其需要向敵產管理處交涉者，由各組自行洽辦。

（三）接收情形

1. 南京組：於十一月底接收竣事，計接收房屋一幢，圖書資料五十一箱，汽車一輛，檔案二百三十八宗，槍枝七支，及通訊器材、打字機、傢俱等。

2. 北平組：於十月底全部接收竣事，並繼續其業務，開始工作。

3. 重慶組：亦於十一月底接收竣事，除房屋、槍彈、交通器材、傢俱，交聯勤總部第四補給區司令部外，其餘通訊器材、圖書資料、印刷器材、打字機及重要公物等，均尚待運來京。

4. 上海組：因接收項目繁多，尤以房屋一項為最，故截至本年底尚未接收竣事，已展限至三十六年一月二十日矣。

第七節　技術實驗

第一款　密寫

密寫一項，在抗戰時期配發較多，收效亦宏，抗戰結束，密寫一項因各方經尚屬需要，仍經常配置，以應需求。

第二款　修理收發報機及測向機

修理裝配，為該廳技術實驗室電訊修理之經常工作，凡本部有關電機之配修事項，該室均承修之，三十五年度以修理收發報機及測向機為多。

第三款　密碼機設計與製造

密碼機在抗戰時期，由前軍令部技術室發明製造，因前技術室僻居重慶，用以製造該機器材，多就地取材，致成品多失靈，現正研究其性能設計製造計劃進行中。

第四款　建立照相機構

照相一項，在前技室稍具形式，茲擬另立機構承辦，俾能精進。

第四章　第三廳

第一節　各方面綏靖作戰經過概要

第一款　卅四年日本投降後之作戰

（一）上黨區之戰鬥

上黨區為晉東南戰略要地，日本投降後，我 2WA 所部 19A，於三十四年八月廿一日以前，已將該區之各縣，先後接收完畢，當以我地方團隊，守備潞城及襄垣，主力 T38D 守備屯留，2ED 守備長子，史軍長澤波自率 68D、69D、T37D 及 T38D 之一部，駐防上黨區之首區長治，奸匪對上黨區，久懷覬覦，匪酋彭德懷乃於八月卅一日，率匪七千餘，附山砲二門，攻陷襄垣，續於九月十二日猛犯屯留，經三日之激戰，匪增加十三個團，山砲約十門，我 T38D 所部傷亡殆盡，師長徐元昌僅率廿五人突圍。於九月十三日，匪攻陷屯留後，即以四個團續攻潞城，以五個團進犯長子，我增援長子之 68D，中途遭匪截擊，九月廿三日，乃以 T37D 接應長子守軍突圍，潞成、長子均先後失陷，此實史軍長對控制部隊，不能靈活運用，致外圍各據點，為匪逐一攻佔。至是長治陷於孤立，匪遂集中卅五個團之絕對優勢兵力，圍攻長治，我守軍完整者，僅五個團，赴援長治之指揮官，7AG 副總司令彭毓斌，率 23A、83A

共六個師及一部砲兵，十月一日，進抵交川附近，以疏於搜索警戒，猝遭兩萬餘之匪伏擊，遂成混戰狀態，激戰至四日拂曉，匪續有增加，並因損失過重，赴援無力，於五日夜，向心縣撤退，在部隊素質不良，軍心渙散之下，復於虎亭鎮被匪截擊，全軍崩潰，長治守軍，亦於十月八日向汾東突圍，沿途受匪狙擊，損失亦重。是亦匪傷亡約萬人。我彭副總司令毓斌、史軍長澤波、師長李佩膺、張宏、楊文彩等五員失蹤。損失人員達一萬五千餘，重機槍廿餘挺，野山砲廿餘門，似此慘重損失，無非助長共匪黷武慾火。自匪方控制上黨區後，復回師平漢線，阻擾北上接收冀省之國軍，益獲兵力運用之自由，影響戰略實為至大。

（二）彰河戰鬥

國軍按照受降規定，以 11WA 所部主力，於三十四年十月初旬，以先後在汲縣、新鄉集結完畢之 30A、40A、N8A，沿平漢路北上，接收冀省。奸匪以囊括華北之企圖，到處阻擾，乘我 11WA 所部通過漳河障礙時，匪劉伯誠集結其主力肆力圍攻，演成劇烈戰鬥。當時我 11WA 長官部獲悉安陽東南太保村附近有匪宋仁窮部約三萬餘，其西北水冶鎮、岳城鎮等地，有匪約五千餘，臨漳及其以南地區，有匪約一萬六千餘，磁縣附近有匪約二萬餘，乃以迅速控制石家莊、保定一帶之目的，於十月十四日，以 40A 附 30A 一部為右翼兵團，沿湯陰安陽道。以 N8A 附 30A 主力為左翼兵團，沿平漢路基，向安陽前進。沿途排除匪擾，於十八日進抵安陽。廿二日渡過漳河。自廿三日起，以步步為營辦法，使左右兩兵團，各分為兩梯團，向原目標交互前進。是（廿三）日進佔後常揚（磁縣東 14KM）磁縣之線；廿二日進佔何紅城（馬頭鎮東 11KM）、馬頭鎮（磁縣北 11KM）之線。但由磁縣西竄之匪，已於同（廿四）日午後，乘我 T29D／N8A 北進後，復襲佔磁縣。廿五日臨漳之匪八千餘，向何紅城我 27D／30A 之一部進犯，我被迫退守秦家營（何紅城西南 2KM），故是（廿五）日我僅進至夾堤（何紅城北 4KM）、閻家線（馬頭鎮北 6KM）之線，廿六日北正面及東西兩側之匪，同時向我攻擊，且不斷增加，我乃調整部署，以 40A 佔領夾堤西側、閻家線、南左良（閻家線南 4KM）間地區，以 N8A 佔領馬頭鎮及其東北附近地區，長官部位於馬頭鎮東二公里許之東城營，以 30A 占領吳村（馬頭鎮東南 7KM）、北豆公（南左良南 2.5KM）、中馬頭（馬頭鎮西南 2.5KM）間地區，與匪決戰。迄卅日匪已增至共達十二餘萬向我四面包圍猛攻，我中馬頭及 40A 陣地，均先後被迫放棄，全軍已局促於東城營附近馬頭鎮興善（東城營南 5.5KM）間地區，態勢已屬不利，而 N8A 高樹勛部（T29D 之大部除外）忽於是（卅）

日深夜叛變，戰局急轉直下，我乃以 30D／30A 附 27D／30A 之 79R，占領南豆公小狼營（中馬頭東 2KM）之線，掩護主力向漳河南岸退卻，沿途遭受匪之截擊，部隊被匪衝散，我失蹤及傷亡甚重，40A 馬軍長法五，因夜暗迷失方向被俘。106D 李師長重傷，79R／27D 於興善被數倍之匪圍攻，全團殉職。迄十一月二日，始到達指定目標——漳河南岸，大部集結完畢，是役匪之傷亡約兩萬餘，我傷亡七千六百餘人，失蹤約一萬四千人，損失步槍約六千七百支，輕重機槍九百七十四挺，迫擊砲二百零八門，野山十二門，於慘痛經驗中，檢知匪軍戰鬥力，雖不甚強，但命令貫澈，運用靈活，並利用匪化區域，嚴密封鎖消息，且能偵知我之行動，惟匪對翼側警戒，則常欠周密，且多用密集隊形，續行突擊，故其傷亡率亦甚大，我雖有較精之訓練，與優良之裝備，然因準備欠周，尤其未能攜行充分彈藥，各部隊均不能自動派遣遠方偵探搜索，在匪情不明之下，既無堅固工事，可資憑藉，而欲依火力求得兵力之平衡以與匪決戰，自屬困難。嗣後彈藥無法追補，已無力支撐戰局之力，不得已轉進陣地之際，蒙受更大損失，爾後雖依空運部隊接收平津，畢竟以兵力有限形成孤立，感受嚴重威脅，致華北接收，陷於異常困難之境，其影響戰略政略既深且鉅。

（三）綏包作戰

奸匪為闢開國際通路，企圖竊據平綏線，藉以向北控制熱、察、綏各要地，作通東北之走廊，南向囊括華北，以與政府抗衡。遂糾集八萬餘兵力，以主力自興和，各一部自左雲及格爾圖，大舉進犯綏遠包頭。我 12WA 傅長官作義，有勇知方，早以防守涿州聞名全國，舊部新附，均具絕對信仰，其時所部正東進受降之際，匪以數倍之優勢，於十月十九日，與我激戰後，連陷集寧、豐鎮、涼城、陶林。傅長官判知匪之企圖，遂使馬占山、王英兩部，共約一萬一千餘人，退守大同，以行牽制。十月廿五日，於卓資山集結主力，一度對匪作持久戰，即迅率 35A、T3A、N4KD、25AR 等部，撤向歸綏，以董其武指揮張士智、李守信、王有功等部六千餘人，及新兵八千餘人於包頭，利用各附近地區既設工事，以摧毀匪之攻擊威力，另以馬全良、鄂友三、冀家珍等騎兵部隊共七千人，由百靈廟、陶林、召河、東打拉亥等地向綏包外圍策應作戰。匪自十月卅日，以主力對歸綏，一部向包頭，分別圍攻，我歸綏守軍，對繼續增至達七萬之匪，依火力及連續逆襲，予以重大打擊。並向八里莊出擊，將賀龍之特務團，完全擊潰，遂能牽制匪向包頭之轉用兵力，圍攻包頭之匪，十一月十三日，突入西北門約三千人，完全被我殲滅，十四日兩度猛攻未逞，後撤整頓。十一月下旬，匪續增援共達四萬人，由賀龍親自指揮，於十二月二日總攻，惡戰十餘小時，我空軍參加地面之戰鬥，賀龍重傷，匪主力被擊潰，翌（三）日乃向歸綏竄去，七日遂解歸綏之圍，分向涼城、卓資山、陶林退去，是役匪傷亡二萬餘，潰散二、三萬，被俘千餘，共損失五萬餘人，我傷亡官兵六千餘，匪經此重大挫敗，弱點畢露，匪酋毛澤東乃從「淩駕宋祖」（毛澤東沁園春一詞中句）幻夢中驚醒，粗知國家之政權，未可豪奪，且用巧取，遂陽從美方調處，簽訂停戰協定，惜我當時空運抵平之兵力，過於單薄，未能及時收復承德、張垣，奸匪復以為失之綏包，收之熱察，尚可厲兵秣馬，祕事佈署，以圖再舉，故國人自三十五年一月十三日迄同年六月七日，暫不見燎原野火，無以怵目驚心，僅睹匪之破壞交通，與小規模之襲擊而已，然不及半年，奸匪調動既竣，即悍然不顧，發動全面攻勢矣。

第二節　卅五年停戰協定後之作戰

（附表八－十一、附圖一）

奸匪陽為接受美方調停，簽訂停戰協定，與國軍分別下達停戰令後，在六月七日前，除對交通破壞與小部隊之襲擊不斷發生，及在東北以不受停戰協定限制，曾先後攻佔政府接收之四平街、營口、長春、哈爾濱，繼續其襲擊竊據之行動外，在關內尚未發動大規模之攻勢，但自六月七日第二日停戰令後，即先後發動大規模進犯，如六月初旬匪首陳毅部，圍攻濟南、青島；七月中旬在蘇北發動攻勢，威脅京滬；八月初旬，匪首聶榮臻、賀龍圍攻大同；劉伯誠進犯隴海路之蘭封、民權、碭山等，公然暴露叛亂之面目。我以節節容忍，匪則再猖再狂，於是政府不得已而作自衛應戰之準備，又拘於政治談判，恪遵調處命令，未作先制之利，而奸匪則乘機到處發動攻勢，進犯國軍，遂惹起半年來之血戰。

第一款　徐州綏署方面

（一）蘇北地區戰鬥

1. 如皋兩泰海安等地區戰鬥

蘇北方面之奸匪，為華中野戰軍司令員張鼎丞所指揮之 N1D、N6D、7ED、10ED 及其他地方部隊，共約五萬餘人。七月十三日突集中 N1D、N6D 主力，及民兵共約二萬餘人，向我駐泰興之 19B／整 83D 圍攻，激戰至十五日，匪以我駐南通方面之整 49D（105B）向如皋方面進出，遂自動撤退，轉用兵力於如皋以南地區，我整 49D，原已於七月十五日推進白蒲以北地區，乃以停戰令關係，自動撤回，迨發覺奸匪向我泰興方面進攻，復於七月十七日北進，迄七月十九日進抵如皋東南地區，遭匪 N1D、N6D 之圍攻，激戰五日夜，我 26B／整 49D 雖已傷亡慘重，然始終屹立未動，迨我整 65D 主力於黃橋，整 83D 主力由泰縣，及該師 105B 由南通，併力增援。至七月二十二日乃將匪擊退，並乘勢進佔如皋、海安、李堡等地，匪復乘我調整部署之際，再以 N1D、N6D 各主力擊破我在李堡方面交接防務之 N7B／整 21D 及 105B／整 49D 乘勢南下，擊破在丁堰林方面之我交警第七、第十一兩總隊後，並威脅如皋，我為應援計，乃以在黃橋之 99B／整 99D，向如皋方面增援，匪於八月二十四日以全力向該旅猛撲，在黃橋以東之分界鎮地區，展開激烈戰鬥，迄八月二十六日我 79B／整 49D 之一部，及 187B／整 65D 由如皋增援被阻，該旅遂被匪擊破。我赴援之各部，除 79B／整 49D 之一部，稍有損傷，退回如皋外，187B／整 65D 遭受重大損失，梁旅長彩林失蹤，殘部退回海安。匪自擊破我 99B 後，遂於九月一日以全力圍攻海安，我整 65D 李師長振僅率 160B 之五個營守備該地，固守至九月十三日，海安仍屹立未動，斯時匪以我徐州方面部隊，已由宿遷進逼泗陽，南通方面援軍，已抵如皋附近，乃解海安之圍，向北撤退。

2. 邵伯高郵等地區戰鬥

邵伯方面之匪，為華中野戰軍所屬 10ED 及地方部隊，共約一萬人，我為策應宿遷附近國軍之戰鬥，於八月二十三日以整 25D 由江都向邵伯方面攻擊前進，八月二十五日已攻佔該城三分之一，乃以分界鎮方面，我 99B／

整 69D 之被圍，乃中止攻擊，轉用兵力增援黃橋，九月下旬，以整 4D 接替江都防務，集中整 25D 之全力，再興攻勢。至十月六日擊破擊破匪 10ED 全部，佔領邵伯，斯時我徐州方面，國軍已攻佔淮陰，匪勢大挫，我乃乘勢北進。十月八日攻佔高郵，十月九日與由淮安南下寶應之國軍，會師寶應以南之界首，運河線遂告打通。

3. 天長盱眙等地區戰鬥

天長方面之匪，為華中野戰軍所屬 2D 之主力，及淮南軍區，共約萬餘人，不斷擾亂津浦路南段，及長江北岸地區，國軍為解決首都之威脅，乃以 200D／5A 附 58B／整 47D 之 172R 於七月十六日由六合以北地區，開始攻擊，經一度激烈戰鬥，迄七月二十八日匪全部為我擊破，我乃佔領天長、盱眙及洪澤湖以南各要點，津浦路南段及首都北岸威脅遂告解除。

4. 東台鹽城等地區戰鬥

蘇北方面之我軍，為使兩淮附近國軍作戰容易計，乃以整 83D、整 65D、67D 於十月十四日開始由海安向東台攻擊，沿途經一度激戰後，迄十月二十七日攻佔東台，我在運河線之整 25D，為策應東台戰鬥，以該師 148B 於十月三十日攻佔興化，嗣以膠濟線戰況關係，乃將控制於南通第二線部隊之整 46D，轉開青島。對東台方面，暫時停止北進，一面調整部署，一面整頓交通，於十一月卅日乃以整 83D 沿東鹽公路，整 65D 進出公路以東地區，148B／整 25D 由興化併力向鹽城方向攻擊前進，67D 在整 83D 後，沿公路推進，排除匪 31B、30B、13B 之逐次抵抗，迄十二月六日，整 83D、整 65D 已進抵伍佑場及其以東附近地區，因匪 N1D 之增援反撲，十二月七日乃撤至劉莊附近，同時將運河線整 25D 主力轉用於東台方面，在南通之整 49D 主力，推進至如皋以北地區，並以整 44D 增加於該方面，十二月十三日為呼應宿遷、淮陰方面國軍之攻勢，再興攻擊，迄十二月十八日攻佔鹽城，斯時整 19A 歐軍長震亦抵達鹽城，由十二月十九日開始，指揮整 25D、整 65D、整 83D、整 44D 向隴海東段以南地區進出。

（二）徐州附近戰鬥

1. 雙溝泗縣宿遷等地區戰鬥

我為排除徐州附近之威脅，七月十九日以整 69D（欠 99B）由夾溝東進，同時並以 7A 之 172D 由固鎮向靈壁北進，123B／整57D 由徐州雙溝，整 28D（欠 80B）由徐州沿隴海路東進，協力 69D 之戰鬥，七月廿一日 172D 攻佔靈壁，123B／整 57D 攻克雙溝，整 28D 主力攻佔曹八集、李集，整 69D 經激戰後，於七月二十四攻佔漁溝、朝陽集之線，並以一部進駐雙溝。七月二十六日奸匪以千餘人竄至夾州附近之時村，同時集中 7D 全部、4D 主力、2D 一部及地方部隊約二萬餘人，向漁溝、朝陽集我 92B／69D 反撲，激戰至七月二十七日夜，漁溝被匪攻陷，我整 69D 之 92B 損失約四個營，副旅長、參謀長均受重傷，60B 於七月廿八日晨亦被迫撤出朝陽集，向雙溝轉進，匪隨以主力於七月卅日向雙溝進犯，時村之匪則被我 58D 之一部及 123B／整 57D、整 69D 之一部於八月一日擊退，斯時我 172D 續由靈壁向東攻擊，於七月廿八日攻佔泗縣，在雙溝被我擊退之匪，復轉移其主力，約兩萬餘，於八月八日圍攻泗縣，我守軍 172D 主力（兩個團）沉著應戰，經該師之一部，及 171D 主力馳援，並得空軍支援，激戰至八月十日，將匪擊潰，匪傷亡約萬人，遺屍達三千具，我亦傷亡約千人，迄八月廿一日，我以整 69D 主力（附 41B／整 21D）由雙溝再行攻擊，克復朝陽集、漁溝後，續向睢寧攻擊，同時以整 74D 由雙溝北向東攻擊，連克古城及土山鎮後，南向睢寧攻擊，以 7A 由泗縣北渡睢河，會攻睢寧，經激戰後，我整 69D 主力，克復睢寧，乘勢續向宿遷攻擊，於八月廿九日整 69D 主力（附 41B／整 21D）會同整 74D，攻克宿遷，同時 7A 主力，亦攻佔宿遷南之蔡家集，匪乃退作鞏固淮陰之策，而以泗陽為淮陰之前進陣地。

2. 兩淮地區戰鬥

國軍為解淮安之圍，於九月十日以 171D／7A 由洋河向泗陽攻擊，擊潰匪 9ED 後，於九月十二日克復泗陽，繼以 7A 主力渡過舊黃河，掩護整 74D 向淮陰進出，該軍強渡運河後，九月十八日於西園莊經激烈戰鬥，將匪 8D 擊潰，續向漁溝之匪猛襲，迄九月二十日乃攻佔該地，整 74D 於九月十三日越過泗陽後，進抵張福河東西沿岸之線，受匪 2D、3D 及 9ED 殘部，節節頑抗，迄九月十七日該師 58B 由右翼沿公路迂迴攻擊，一部突入淮陰南西門，巷戰至烈，旋匪 5ED、6D 先後由淮安方面增援，惡戰至九月十九日，乃將淮陰攻克，匪傷亡約三萬人，遺屍一萬四千百餘具，俘匪二千餘。九月廿一日整 74D 主力，乘勢續向淮安追剿，九月廿二日克復淮安，至是蘇北奸匪根據地之兩淮，經我克復，京滬線之威脅，始告徹底解除。

3. 台棗支線戰鬥

國軍為解臨城之圍，於十月上旬，使整 51D 以一部由台兒莊向圈溝以主力由韓莊向沙溝，迄石格營，分別對盤踞台棗支線之匪攻擊，同時使用守臨城 之 97A，分由南東兩面向沙溝、石格營出擊，另以整 77D，由大棗莊向峯縣東附近，以整 26D（欠 41B、附 1TKB）由韓莊附近，向嶧縣迄棗莊攻擊前進，十月七日我軍攻克圍溝迄沙溝之線，十月八日續克嶧縣石格營之線，整 26D 之一部，並進佔棗莊，十月九日整 26D 遂與 97A 東進部隊於齊村會師，台棗之線，即為我軍打通，臨城亦已解圍。

（三）徐州以西隴海路附近及魯西地區戰鬥

奸匪冀魯豫軍區劉伯誠部萬餘人，於八月上旬，分向我黃口、碭山守軍蘇保總隊及交二總隊進犯，並破壞鐵道，碭山於八月十二日被匪攻陷，我徐州綏署乃以 27A 指揮整 88D 及整 11D 各一部，西進增援，並以 5A 於八月十七日在宿縣集結完畢後，即向永城掃蕩前進，八月十三日我增援部隊協力擊退進犯黃口之匪，續向碭山反攻，迄八月十九日我 118B／整 11D 進抵碭山附近，匪主力已北竄，當將殘匪數百驅逐，克復碭山，同時我 5A 亦攻佔永城，八月廿一日續克復夏邑。我整 88D 一部是（廿一）日亦攻克華山，八月廿三日續克沛縣。我克復黃口整 11D 之一部續向北掃蕩，八月二十六日克復豐縣，續向單縣掃蕩，同時 5A 克復虞城及牧馬集，並與整 11D 併力克復單縣、金鄉、城武，同時策應鄭州綏署之作戰，向定陶方面攻擊。十月上旬，於荷澤以東地區集結後，我 5A 主力，與整 11D 一部復協力向嘉祥、鉅野之匪進擊，與匪 7ED、3ED、2ED、6ED 激戰後，於十月八日克復嘉祥、鉅野。十月下旬，我 5A 主力及整 11D 赴援 119B／整 68D 蘇屯之線，惜為時稍遲，致 119B 被匪突破向舊黃河北岸遁去。5A 遂於十一月三日克復鄄城。整 11D 進佔舊黃河東岸之吳樓，此時 5A 改隸鄭州綏署序列，嗣於十一月下旬經東明集向長垣西進，與整 26A 併力向豫北冀南及魯西之匪進剿，迄十二月下旬，劉伯誠匪部主力南竄，連陷嘉祥、鉅野並圍攻金鄉，我守軍 N21B／整 88D 在數倍優勢之匪圍攻下，苦戰兩旬，雖以東面援軍（62B／整 88D、140B／整 70D）遭匪襲擊於前，退守魚台，西面援軍（整 68D 附 543R／整 55D、190R／整 15D）復被匪堵擊於後，退向定陶、商邱，仍在援絕之下誓死固守中。匪現除繼續圍困金鄉外，已續向隴海路進迫，似有呼應魯南陳毅匪部威脅徐州之企圖。

（四）隴海路東段南北地區之戰鬥

魯南奸匪為 1D／N4A、2D、4D、8D、N7D、N10D、解 4D、解 9D、8GB。蘇北奸匪為 N1D、N6D、7D、5ED、9ED、9B／3D、31B、30B、13B，暨圍攻海州之匪等，數約十萬餘人，均由匪酋陳毅指揮。我為打通隴海路東段，解海州之圍，於十二月中旬，以徐州綏署主力，由徐州以東，沿隴海路南北地區，發動攻擊，我整 19A

軍長歐震指揮整 25D、整 83D、整 44D 於十二月十九日由鹽城向北攻擊前進。十二月二十七日攻佔阜寧，十二月廿九日進抵淤黃河之線。我整 74D、52B／整 28D 於十二月十三日由淮安附近向北擊前進，與匪 N1D、N6D、4D 一部激戰後，於十二月十六日攻克漣水。我整 69D（戴師長之奇指揮該師 60B、41B／整 26D 及 123B／整 57D）與整 11D 於十二月十三日由宿遷附近，向沭陽攻擊前進，與匪 9ED、2D、4D 一部激戰後，於十二月十六日攻佔來龍庵、邵店（均宿遷東北 23KM）及嶂山鎮機圩（宿遷北 15KM）之線，其時匪首陳毅自由魯南抽調 1D／N4A、8D 南下，與宿遷附近之匪會合，於十二月十七日向我嶂山之 60B／整 69D 與整 69D 師部及仇圩附近之 123B／整 57D 猛烈圍攻，將該地之我軍擊破後，復轉向來龍庵、邵店間攻擊我 41B／整 26D，是役我整 69D 戴師長殉職，副師長饒少偉失蹤，師直屬部隊損失過半，60B 及 123B 各損失五個營，41B 損失三個營，對沭陽攻擊受挫後，我乃使歐軍長所部主力，於一月五日續由淤黃河南岸北進，與整 74D（附 171B／74D）協力，向沭陽之匪攻擊。一月十日進抵新安鎮、張集以南之線，我整 74D 於同（十）日午攻佔沭陽。同時我海州整 57D 段師長霖茂於一月九日親率兩個營，由灌雲南下。一月十一日攻佔大伊山與我整 25D 由新安鎮北上部隊會師，迨郝鵬舉部，續向海州進犯，段師長即率該兩營並依整 25D 之協力，將匪擊退，海州之圍乃解。先是匪首陳毅，於宿遷附近擊破我整 69D 後，即率 1D／N4A、8D 及 N1D 回竄魯南，於一月二日以 1D／N4A、8D、N7D 及解 4D、解 9D 等部約三萬餘人突向我整 26D（欠 41B、附 1TKB）向城附近陣地作全面猛襲，激戰至一月三日午，該師已局促於向城東新興間狹窄地區，匪復乘勢竄襲傅山口遮斷該師後方連絡線，一月四日該師乃向嶧縣突圍，是役我整 26D 陣亡團長以上五員，失蹤團長以上四員，其餘人員損失達三分之二，及戰車一部。是時隴海路以南之匪 N6D、9B／3D、9ED 及 31B、30B、13B 均已向隴海路以北撤退，我為策應魯南之戰鬥，乃使沭陽方面之國軍向北推進。一月十六日整 25D 進抵上房街，整 65D、整 83D 各一部進抵房山城頭之線，整 74D 進抵岔流，整 83D 主力進抵百祿村，一月十九日整 83D 主力攻佔隴海線上之新安鎮，同時整 74D 主力，亦進出新安鎮東側鐵道之線。魯南之匪，自擊破我整 26D 後，即續向嶧縣、棗莊包圍攻擊，一月五日攻陷棗莊東之稅郭，一月七日晚猛攻嶧縣，激戰澈夜，拂曉後，得空軍支援乃將突入南關之匪擊退。一月九日入夜後匪 4D、8D、N10D 對嶧縣再興攻擊，一月十日午前攻佔檀山後，即向嶧縣城郊猛撲，激戰至一月十一日下午，嶧縣失陷，我守軍整 26D 殘部，51D 之兩營，及 98R／整 52D 向韓莊及運河北岸突圍，整 26D 師長馬勵武、副師長曹育珩均下落不明，同時匪解 4D、解 8D、解 9D、N1D、N7D 亦於一月十日向我棗莊 51D 主力攻擊，於攻陷棗莊東側郭里集後，即完全包圍棗莊。自一月十一日激戰迄一月十五日上午，我守軍得空軍支援，遂將進迫之匪擊退。一月十五日午後，匪乘惡劣氣候續行猛攻，我守軍浴血奮戰雙方傷亡均重。迄拂曉稍趨沉寂，匪即將其傷亡頗大之 N7D、N10D 撤至向城整補，另以 4D、8D 向棗莊增加。於一月十五日午續行猛攻，我守軍在空軍協助之下，苦戰至午後八時，始將匪擊退。自一月十六日起，匪向我棗莊圍攻益烈，一月十九日夜，棗莊東南及西南角圍牆被燬，匪即蜂湧衝入，我守軍猶能肉搏混戰，迄一月二十日午，整 51D 司令部，亦被匪衝入，周師長毓英被俘，棗莊遂陷。我整 51D 主力，經旬餘之苦戰惡鬥，大部壯烈犧牲，殘餘之一、二千人，亦於突圍中，遭匪擊阻，被俘過半。至固守棗莊西齊村之我整 51D 兩個營，已由王團長率領突圍抵達韓莊，匪主力仍停留台棗處線及蘭陵鎮一帶，似有企圖威脅徐州模樣，或先乘我由沭陽北進之各部，正在運動之際，尋求各個擊破機會以逞慾火。

（五）膠濟線戰鬥

膠濟線方面奸匪，為山東野戰軍區陳毅所屬濱海、膠東、渤海、魯中等四軍區，共約十五萬餘人，接收魯省之國軍，被匪圍困於濟南、濰縣、青島各附近地區，大部須賴空運補給，匪於卅五年一月十三日以後，既藉第一次停戰機會攻陷明水、龍山；又乘政府一再容忍，續於六月七日頒佈第二次停戰機會，分別在濟南外圍，集匪八萬餘，在青島外圍，集匪五萬餘，發動猛烈攻勢，且不斷增援，迄六月中旬，先後攻佔張店、周村、德州、泰安、即墨、膠縣、南泉、蘭村、芝蘭莊及棗莊等地，並繼向濟南、青島兩地加緊猛攻，我為解除該方面國軍圍困，並改善我之補給狀況計，乃以 13A 空運濟南，54A 增援青島於擊退進犯之匪後，先由濟南以 96A 主力，沿膠濟路，以 13A 沿膠濟路北側地區，協力東進，同時使 8A 由濰縣附近西進，東西並進打通膠濟路西段。

1. 膠濟路西段戰鬥

我於六月下旬由濟南、濰縣東西對進，開始攻擊，我在濰縣附近之 8A 於六月二十三日由昌樂開始西進，經兩度激戰，乃在陸空協力下攻克益都，於堯王山、雲門山，排除匪之頑抗後，七月一日續行西進，經激烈戰鬥，於七月三日攻克臨淄及淄河店，乘勢克復金嶺，七月五日攻克張店，七月六日以一部與由濟南東進 73A 之部隊，會師於張店、周村之中間地區，並於擊退匪向金嶺西側之反撲後，隨以主力南向淄川攻擊，經數度激戰，乃於七月九日攻克淄川，即以一部與 73A 協力，收復淄博礦區，斯時，我 8A 曾於七月八日，一度被迫放棄臨淄，及益都縣城，七月十六日匪以萬餘人，由益都向膠濟線猛攻我駐防防城之 T12D／8A，苦戰至七月二十日，經交警總隊之一部增援，將匪擊退，至七月下旬，乃將該兩地克復。六月二十五日我由濟南以 96A 主力，沿膠濟線，73A 沿其北側地區，開始東進，96A 於池子頭，73A 於克復鄒平後，七月三日續克周村，七月六日以一部與由濰縣西進之 8A 會師於張店、周村間，膠濟線西段，遂告打通。

2. 淄博礦區戰鬥

我自打通膠濟線西段後，即以 73A、8A 主力，與 96A 一部協力收復淄博礦區，96A 於七月六日克復王村鎮後，乘勢攻克東西空山。七月七日晚約兩萬之匪，分沿明水南附近，及東西空山猛襲我 96A，惡戰至七月八日午，將匪擊退，續協力 73A 對淄博礦區之攻擊，於七月十一日克復青龍灣，我 73A 於克復周村時，即以主力南向，乘勢克復池子鎮，迄七月九日經數度激戰，將頑匪擊潰，乃完全攻佔吉山、中山、煥山，鹵獲武器文件甚夥，續向南進，因進入山岳地帶，屢攻受挫，嗣得 96A 由青龍灣側擊，與 8A 於克復淄川後，繞攻團山，及博山東北地區，我 193D／73A 於攻佔楊村、白塔之線後，在空軍協力下，迅速繞向博山西南，一舉攻佔鳳凰山，再回兵直逼博山，遂於七月十一日夜攻克博山。七月十二日繞克馬公洞、東園莊、山頭莊各要點，同時 8A 亦迂迴攻下石炭塢、八陡莊、蘇家溝各要點相連之線，是以博淄礦區為我完全佔領。

3. 膠濟線東段戰鬥

久被困於青島之我 54A（欠 36D、附 T12D／96A）於六月下旬，為策應膠濟路西段之戰鬥，北向即墨開始攻擊前進，於大廟山、西莊之線，與三萬餘之匪，展開激烈戰鬥，七月一日匪復增加兩萬餘，向我猛撲，惡戰徹夜，經 8D／54A 有力一部，由即墨東繞攻敵之左側背，乃使南面軍主力，迅將優勢之匪擊潰，於七月二日乘勢攻佔即墨，續即向西挺進。七月十日攻佔南泉及藍村，乃在空軍協力下，強渡大沽河，於七月十二日攻佔膠縣，七月十三日續克芝蘭屯及張魯集，膠東軍區奸匪，於七月十六日前後，利用惡劣氣候以全力向我 54A 兩度猛襲，均經奮勇擊退。此時膠濟線西段，已經打通。我軍乃在即墨、馬山、藍村、膠縣之線，構工據守，為爾後打通膠濟略東段之準備。迄九月下旬，我乃以 8A 由濰縣附近，54A 由膠縣附近，東西對進，開始攻擊。九月三十日 166D／8A 攻佔車流、山莊，G1D／8A 攻佔昌濰公路兩側張家莊、寒亭。十月一日 166D／8A 續克太公堂、鄧村，同時 41D／8A 於攻克昌邑後即以主力沿溝河南下，與 166D 協力強渡濰河，於十月五日摧破匪之堅強抵抗，完全克復岞山，十月九日續克塔里堡及朱陽，十月十日我 41D／8A 為解高密友軍之圍，續沿鐵道東進，十月十一日下午，遂與高密之我 54A 部隊，內外攻擊，將匪擊潰，先是我 54A（欠 36D）因靈山方面匪之竄擾，遲至十月四日始分兩路開始西進，十月八日 198D／54A，佔張魯集 8D／54A 攻佔芝蘭屯，十月九日我 98D／54A 及 8D，均經激烈戰鬥，將匪擊潰，始分別攻占高密及姚哥莊，其時潰退之匪復與援隊會合，約三萬餘人，當晚乘我 198D 在高密，8D 在姚哥莊立足未穩之際，分別圍攻，惡戰至十月十一日，我參加地面戰鬥之驅逐機被擊落一架，另傷亡官兵四百餘，匪則傷亡三千餘，迨我赴援之我軍 G1D／8A 渡過柳溝河，乃內外夾擊，將匪完全擊潰，膠濟路全線，遂告打通。嗣為控制萊州灣匪軍登陸要港，以減少膠濟線北側威脅，乃決於十月上旬，使 8A 先以一部攻佔虎頭岩，遮斷匪之海上登陸要點，續以主力攻佔掖縣，並相機進出龍口之計劃，當時為使該方面之作戰容易，先以 54A 主力，於十月三十日由膠縣向北進剿，十一月三十一日與匪激戰後，攻佔蘭底，續克塔埃及洪溝，我 8A 之一部，十一月四日進佔沙河鎮，十一月五日在海空協力下，攻佔虎頭岩，8A 主力，於十月三十日東渡膠河後，為夾擊 54A 當面之匪，於十一月三日攻克平渡向洪溝之匪夾擊，擊潰頑匪後，乃將平度防務，交 54A 接替，斯時匪乃集結約貳萬餘人進犯安邱，188B／整 46D 首先迎戰，復調 54A 南下增援，平度空虛，於十一月十二日重陷匪手，當十一月六日我 8A 分由平度、虎頭岩向掖縣進擊之際，初與兩萬餘之匪，展開激戰，嗣匪不斷增援，迄十一月九日已增達四萬以上，內有日籍士兵三千餘，並附野山砲及高射炮共廿餘門（經發現有小陵部隊及遼東 11GB 等番號）向我數度反撲，李軍長親至第一線指揮，惡戰至十一月十日，我另以一部向匪右側背迂迴，同時我增援之三個補充團，亦適時趕到，續向匪右側背猛擊，乃在空軍密切協調之下攻佔掖縣城，經六晝夜之激戰，匪遺屍遍野，傷亡達一萬五千餘，我亦傷亡團長以下一千六百餘人。

（六）檢討

徐州綏署對兵力部署，每無重點，其律定部隊之行動，不無遲緩，如魯西作戰，未能使 5A 及整 11D 積極行動捕殲劉伯承之主力，遂令從容逸去，而遺後患，尤其對蘇北之最後攻勢，不依預定計劃實施，將該綏署全兵力，於蘇北魯南作扇形展開，採取全面攻勢，致各兵團在戰略上形成隔離之狀態，在戰術上呈實現出之弱點，同時未事先控置第二線機動兵團，致各兵團，遭匪各個圍攻時，竟無法補救，招致重大之損失。

第二款　鄭州綏署方面

（一）堵剿李先念戰鬥

奸匪李先念部主力二萬二千餘人，頑踞信陽東南宣化店附近地區，其一部約萬餘人，盤踞應城西南地區，另有盤踞平漢路南段，東西兩側之 2BS、4BS、保 7R 等約萬餘人，不斷破壞平漢路南段，並威脅漢口，我以 174B／整 48D 位於商城附近，整 47D 位於光山、羅山間，整 66D 位於禮山、信陽、花園間，整 72D 位於經扶及其東西各附近，對宣化店之匪，併力封鎖。以整 75D 位於應城及其以西附近地區，18B／整 11D 位於汈汊湖東西各附近地區，協力對應城西南附近之匪監視，且為確切保障平漢路南段及漢口之安全，並使鄭州綏署主力軍作戰容易，雖曾策定圍剿計劃，但我軍始終遵守停戰協定，未肯先發。奸匪李先念久思蠢動，於其準備完成後，乃視調處命令如廢紙。自六月二十九日開始向我攻擊，最初以兩個旅經柳林附近向路西竄擾，我為捍衛計，乃起而反擊，迄六月三十日竄至柳林以西之匪為 2ED（13B、14B 及 15B 一部）及 359B 共約一萬四千餘人，由李先念親自率領猛犯西雙河，經我整 15D 由新店，41D 主力由信陽，整 3D 主力由忤水關三面夾擊，激戰至七月六日，匪向我整 41D、整 3D 之間隙部向桐柏山地西竄，與原踞路西之匪獨 4B 等約四千餘人會合，於七月七日竄陷新野，經我整 15D、整 41D 主力追擊，與整 3D 主力由新野西南堵擊，匪傷亡潰散達八千餘人，七月九日，一部約二千四百餘人竄至老河口東北孟家樓、李官橋一帶地區戰，於七月十一日經我整 3D 主力、整 15D 一部，併力壓迫在李官橋東厚坡地區，圍殲殆盡。其主力約七千餘人，於同（九）日竄至內鄉南附近地區，經我內鄉之 125B／整 47D 迎頭猛擊，與整 41D、整 15D、整 3D 一部之追擊，該匪且戰且走，於七月十三日晚西向淅州西北大石橋偷渡丹江，在我各部跟蹤追擊之下，復於鄖陽東北，經我整 3D 主力由南側擊，及整 90D 一部之堵擊，迄七月十八日將其壓迫於我整 1D 一部守備之柴荊關南附近地區，經三日夜之圍剿斃匪四千二百餘，其餘約四千五百餘人，於七月二十一日先後突圍西竄。七月二十三日竄至山陽東南附近，我躡追之各部，復與原在山陽附近之 144B／整 76D 主力，併力向匪圍剿，激戰至七月二十七日，匪不支乃四向潰散，其一股約二千餘人，繞山陽北方西竄，一股約千人，回竄鄖西形東之老莊，八月上旬與續行西竄之黃林股會合，另一股千餘人，南向竄至漫川關附近之白蓮河，該股匪被我整 15D 之壓迫，復於七月二十八日西竄山陽西北之上官坪，與其主力會合。七月三十一日，竄至鳳凰嘴經我追擊部隊與原在柞水整 36D 一部之夾擊，散失過半，續經旬餘之協剿，匪被壓至石泉北附近後，復分三股潰竄，一股二百餘，由寧陝以西北竄。八月十四日竄抵鄠縣南附近一股約七百人，由王震率領經城固以北西竄。八月中旬在鳳縣南經堵擊，傷亡過半，復北竄與竄至鄠縣南之匪會合，八月下旬，由寶雞以西偷渡渭河，竄過隴海線經馬鹿鎮竄涇州南附近，被我整 36D 一部夾擊，殘餘約三百人，以隴東奸匪於八月二十五日分三股向涇川北進犯，藉其接應竄向陝北，另一股亦百餘人南竄，於八月十日竄至石泉，經我整 15D 與 24B／整 76D 各一部圍殲幾殆，原踞宣化店之匪 1ED（1B、2B、3B）約八千餘，於李先念自率主力西竄之同時，由王樹聲率領，經禮山越平漢路西竄，經我整 66D 主力、整 75D 之一部，於應山南之趙家棚附近併力夾擊激戰數日，匪傷亡潰達四千人，匪殘約四千餘，竄經大洪山，於七月八日由流水溝渡過襄河，先後在自忠、南漳及石花街附近各地區，經我整 66D、整 75D、整 76D 各一部追剿堵擊，乃流竄於保康、房縣各附近，其時原踞應城附近地區之匪，由羅厚福率領繼王樹聲匪部之後西竄。七月十二日於流水溝西渡襄河時，經我 6B／75D 由流溝以東與自忠南下之 16B／整75D 一部東西兩岸併力夾擊之下，復被我空軍猛力轟炸，傷亡潰散甚眾。渡過襄河之殘部約三千人，經歇馬河流竄於川鄂邊境之竹谿附近地區，其被擊散之另一部約千人，由王開誠率領北竄，經棗陽、新野、內鄉各東側及淅川北方西竄，與匪 4BS 黃林所率之一部約二千餘，於七月上旬，由桐柏山北竄，經方城、南陽西竄，途中在盧氏南附近會合，狼狽相依，流竄於商南、山陽各附近地區，李先念西竄時，被我截擊，回竄鄖西東北地區之匪一股約千餘，亦於八月上旬北竄，與該兩匪會合，此時奸匪劉伯誠部為策應李先念之西竄，在豫北蠢動，我整 41D、整 47D、整 3D、整 75D 等均先後轉用豫北方面，而黃林、王開誠及王樹聲、羅厚福各股殘匪遂得遼闊而貧瘠之山地，我僅以寡少兵力進剿，現仍流竄於豫陝川及川鄂各邊區。原踞黃安、黃梅各附近之匪 2BS、保 7R 及殘置於宣化店東南之一部，共約萬人，於李先念西竄之前後，分四股向東南竄擾，藉圖牽制我兵力。先後經我整 48D、整 72D、整 26D 各之一部之追剿夾擊，傷亡甚眾，乃合為兩股，一股約四千人由張體學率領，向霍山附近北竄，旋西竄至英山、羅田各附近，經我整 72D 與整 48D 併力擊破，殘部千餘人亦經潰散，另一股約三千人，由皮定鈞率領，經霍山北、壽縣東南附近，於七月中旬越津浦路明光站東竄，結果由蘇北奸匪編併之。

（二）隴海路中段及魯西戰鬥

奸匪晉冀魯豫軍區司令劉伯誠，為策應匪在山東、蘇北之作戰，集中 1ED、2ED、3ED、5ED、6ED、7ED 及直屬之十個團，共約正規部隊五十五個團，計七萬人，乘虛進犯我隴海路中段，於八月九日開始以 7ED 向碭山、虞城，3ED、6ED 向柳河、民權、考城、蘭封、開封分途進犯，1ED、2ED、5ED 仍控制於荷澤南附近地區。八月十日民權、考城先後被匪圍攻，匪於八月十一日攻陷蘭封後，即以一部越鐵路竄擾黃泛區，於八月十八日陷杞縣，八月十七日陷通許。我被迫一面固守要點，一面轉移兵力，開始反擊，我 181B／整 55D 於八月十一日由商邱西援民權，八月十四日進抵民權東南楊樓附近，為匪 3ED 主力包圍激戰至八月十六日，匪得 7ED 之增加，圍攻益烈，迨該師 29B 主力於八月十八日趕到，乃併力將匪擊退，續向民權赴援，同時我張嵐峯部四個團，亦由拓城進抵民權以南地區，遂於八月二十日併力向圍攻民權之匪攻擊，激戰至八月二十三日匪乃撤民權之圍，以主力向曹縣，一部向太原方面竄去。我整 68D（欠 143B）附整 11D 之 53R／18B 於八月十日由開封沿鐵路向蘭封增援。匪陷蘭封後，復圖犯開封，八月十五日匪 6ED 主力及 3ED 一部乃與我整 68D 在蘭封、開封間杜良岩附近遭遇，激戰至八月十六日，我軍參加地面攻擊，匪不支向蘭封潰退。我整 68D 躡追抵蘭封時，適我整 47D 由封邱東進協力整 3D 向考城解圍，於八月二十日亦進抵蘭封西北附近，以整 47D 一部，協力於八月二十二日克復蘭封，我徐州綏署以 5A、整 11D 歸整 27A 軍長王敬久指揮，向西攻擊，協同作戰，整 27A 所屬之整 88D 一部，於八月二十二日克復沛縣。八月二十六日續克豐縣，九月五日克復魚台，九月二十二克復金鄉。整 11D 主力於八月十九日克復碭山，九月六日克復城武。九月十二日克復定陶。九月二十日經激戰後，攻克荷澤，匪 3ED、7ED 分向鉅野、鄆城竄去，九月下旬，續向鉅野、嘉祥方面前進，十月一日匪 2ED、3ED、6ED、7ED 約三萬餘，鉅野西南地區激戰七日，我 5A 於十月八日由正面抽出兵力繞整 11D 翼向匪左側攻擊，同時我整 75D 亦經城武向北馳援中，匪乃動搖，於十月十二日開始漸向鉅野、嘉祥及其以北地區撤退，我5A遂於十月十八日克復嘉祥，同時整11D亦克鉅野。先是我整55D主力附張嵐峯部四個團由民權，19B／整68D由內黃於八月二十七日開始併力向曹縣附近之匪7ED主力攻擊，經兩度激戰將匪擊潰，於九月四日攻克曹縣，匪向定陶潰退，我正躡追中，乃因我整3D主力解考城之圍後，續向定陶前進中。奸匪劉伯誠於九月四日以6ED主力，1ED、2ED、3ED各一部於定陶西大張集、大黃集之線向我猛攻，我20B／3D於大張集附近被匪包圍，苦戰至九月六日向大李砦退卻，復被匪猛力圍攻，該師師長趙錫田受傷被俘，旅長譚乃大下落不明，3B／20D共損失約十個營，在考城西附近收容約二千餘人，我整55D及119B／整68D因此遂於九月七日轉向曹縣西北附近地區堵擊竄犯之匪，復受優勢之匪攻擊，乃於九月九日轉向民權東北附近地區，我整47D（欠185B、附122B）八月二十三日由內黃向定陶前進，九月三日進抵定陶西南附近與3ED主力激戰時，364R／122B應援整3D遭匪襲擊，乃與八月下旬由靈寶東運抵封邱之我整41D（欠122B、附125B）經長垣向東明前進，九月三日克復東明，均以整3D已失利後撤，遂於九月七日分向考城附近轉進，迨整27A所部於九月中旬克復定陶後，魯西戰局乃漸好轉，續將荷澤、鉅野、嘉祥等地克復，八月中旬南竄黃泛區之匪 21B／7ED 及騎兵一部，與原竄踞太康附近之匪金紹山部會合，共約七千人，八月二十九日攻陷太康，九月三日續陷淮陽，迄九月六日我由許昌車運漯河之 6B／整 75D 乃與交警第七縱隊協力克復淮陽，九月九日續克太康，同時我交警第十六縱隊與豫保 2R、5R 協力，亦先後克復通許、杞縣，匪 21B／7ED 及騎兵一部，乃於九月由十日由民權、內黃間越鐵路向荷澤方面竄去，金紹山匪部，迄尚在繼續清剿中。魯西方面我續於十月下旬，以整 11D、整 75D 由鉅野協力向北推進，於十月二十五日克復鄆城，十月二十九日奸匪劉伯誠以 2ED、3ED 兩部主力，6ED、7ED 各一部及民兵共約三萬餘人，猛襲我向鄄城前進到達蘇屯附近之 119B／整 68D 及 86R（屬 29B／整 55D）激戰，至十月三十日午匪續有增加，我被迫撤至富春集附近，續被匪之猛力圍攻，119B 劉旅長廣信受傷被俘，計共損失五個營，我以 5A 主力馳援，並以整 75D、整 11D 向黃河南岸推進，策應該方面戰鬥，迨 5A 主力趕到時，匪主力已向濮縣北撤，我 5A 乃於十一月三日克復鄄城，整 11D 同時進佔吳樓，旋匪乘我整 11D 向徐州轉用，5A 及整 75D 主力亦轉用於長垣以北參加冀南戰鬥時，復於十一月下旬先後竄陷鄄城、鄆城，迄十二月四日我 5A 主力由冀南進克濮縣，復於卅六年一月上旬連克觀城、范縣，匪主力乃於竄陷嘉祥、鉅野後，並圍攻金鄉，威脅徐州，以策應魯南奸匪陳毅之作戰，我 5A 乃於一月十二日放棄范縣，集結主力於觀城附近，準備予匪打擊。

（三）豫北戰鬥

豫北奸匪為太行軍區所屬 17D、N9B、12B、華南縱隊、博愛大隊及直屬七個團，共二十四個團，半為民兵，約計三萬人。九月下旬我為策應魯西及晉南戰鬥，並取得煤源，於九月二十六日開始以孫殿英之一部配合地方部隊，由汲縣向濬縣進攻前進，經一度激戰，於九月二十七日攻佔濬縣後，乘勢攻佔道口鎮，並於九月二十七日克復滑縣，另以整 32D 附 177B／整 38D 於十月十一日分由武修、武陟向西攻擊前進，經一度激戰，於十月十二日分別佔領待王鎮及焦作後，續即以 177B／整 38D 向西挺進，於九月十四日攻佔濟源，同時 110B／整 85D 於九月十二日攻佔武陟西北之寧郭鎮後，乘勝於九月十三日克復博愛，九月十四日續克沁陽，我另由武陟西進之豫四區保安團，及由白坡東進之 55B／整 38D 一個團，同於九月十五日分別克復溫縣及孟縣，十月下旬我以王自全部配合 39B／整 40D 之一個加強營，由安陽北進，於十月二十九日克復豐樂車站，十一月十日續克漁洋鎮，乘勢北渡漳河，攻克七垣、屯頭、岳城鎮等要點，同時另由安陽西進之我整 40D 主力，十月二十九日於激戰後攻佔水冶，十一月十一日擊潰匪 17D、12B 之主力及 N9B 一部後，克復觀台及六合溝乘躡追潰匪之勢，以有力一部北渡漳河，佔領漳村及石場兩要點，我整 85D 由水冶西進，於十一月九日攻佔磊口及科泉，我 T3ED 由湯陰南附近分二路向西北前進，於十月二十四日攻佔鹿樓及鶴壁集，自十一月以來，匪不斷以小部隊向我竄犯，但經我派隊增援，予以反擊，即行退去。

（四）冀南戰鬥

奸匪晉冀魯豫軍區司令員劉伯誠，於十月下旬以所部主力，向魯西鄄城南地區擊破我 119B／整 68D 後，復轉用其主力 2ED、3ED、6ED、7ED 及四個獨立支隊共約五萬人，由冀南方面於十一月十八日開始向我在長垣北老岸鎮附近之 125B／整 47D 及上官村附近之 104B／整 41D 分別猛烈圍攻，我 125B 汪旅長於邵耳砦被匪猛攻，即於十一月二十日晨自率兩個營先向長垣撤退，而整 41D 曾師長亦坐視 104B 在上官村之被匪圍攻，而不令滑縣之 124B 逕向上官馳援，整 47D 陳師長亦靜待匪於十一月二十一日及十一月二十二兩日先後將 104B（旅長楊顯明受傷被俘）及 125B 主力擊破，已向濮陽方面開始撤退後，乃使 127B 於十一月二十三日向老岸鎮推進，而鄭州綏署使 5A 主力繞經東明，於十一月二十四日渡過黃河再北進向匪迎擊，亦不及與整 26A（整 38D、整 32D 主力）併力於十一月二十一日間捕殲匪之主力於長垣以北附近地區。嗣匪主力在濮陽東南附近集結完畢，已向魯西轉移，我乃於十一月二十九日以 5A 與整 75D 偕同向濮陽，整 26A（整 85D、整 32D）向內黃推進，5A 於十一月三十日克復濮陽，十二月四日續克濮縣，十二月八日克復清豐，整 85D 於十二月十一日克復內黃，一月一日續克大名，一月二日我 5A 擊潰匪 2ED 一部後，攻克觀城，時匪劉伯誠匪部主力已竄至魯西，連陷鉅野、嘉祥並圍攻金鄉，嗣我 5A 雖於一月九日克復范縣，旋於一月十二日自動放棄，向觀城集結，準備與整 75D 轉用於徐州方面。

（五）檢討

李先念匪部，破壞羅山協定，佔得機先，向平漢路以西竄犯，我以受協定拘束，放棄主動，致虎出欄，爾後雖節節堵擊亦未能消滅其主力，流竄各地，迄未肅清，於牽制我兵力，影響主力之作戰至大，我在隴海路作戰，未使各部隊行動適切協調，且無戰略預備隊，整 3D 既以突出覆師於前，119B／整 68D 復以孤立挫敗於後，而當劉匪主力於老岸鎮、上官村圍攻 125B／整 47D 及 104B／整 41D 時，不使 5A 向鄄城渡河，直攻濮縣、濮陽斷匪退路，以捕殲之於戰場，乃繞長垣迎擊，遂致勞師無功，嗣右翼再向匪進擊時，亦以動作遲緩，致劉伯誠主力，反南竄魯西，竄擾黃泛區，致陷徐州方面作戰於不利之狀態。

第三款　第一戰區方面

（一）晉東南戰鬥

奸匪太岳軍區司令員陳賡所屬4ED（10B、11B、12B）、警1R、2R、4R、5R及直屬各部隊，並新由N1D配屬以23B、24B及由太行軍區調到13B共約三萬餘人，利用國軍遵令停戰機會，於六月上旬起，向晉東南發動全面攻勢，連陷聞喜、絳縣等要點，同蒲、正太兩路均被截斷。我為挽救山西危局，乃於六月下旬起，由第一戰區派隊入晉，迄十月二日止，先後到達晉東南者計整1D（1B、7B、167B）、整27D（31B、47B）、整30D（27B、30B、67B）、整90D（53B、61B）及55B／整38D之163R，最初我整1D（欠1B、附47B／整27D）在運城、安邑間集結完畢後，於七月上旬開始向北推進，七月七日克復水頭鎮，七月十一日經激戰後，克復聞喜，匪乃糾集三萬餘，由王鏞指揮，於七月十四日向聞喜反撲，當攻佔城南各據點，形成三面包圍，激戰至七月十六日，經我78B／整1D及31B／整27D分由水頭鎮、聞喜先後向城南之匪夾擊，至七月二十一日始將匪擊退。八月六日我為鞏固聞喜以南地區，以續到著安邑之53B／整90D，對聞喜以南之匪，進行歷時七日之掃蕩戰，其後整 30D 於八月十五日全部到達聞喜東南地區，乃以整 30D 先行排除張茅公路之威脅，於八月二十日攻克絳縣後，續以主力南下，八月二十七日克復垣曲，匪垣曲支隊，向東潰竄。奸匪自反撲聞喜未逞，乃轉移其主力於霍縣、洪洞以東地區，會合當地匪軍及民兵共約三萬餘人，於八月十四日開始對同蒲路霍洪段發動猛攻，連陷我 2WA 部隊守備地區如：洪洞、趙城、霍縣、靈石、汾西被迫逐次撤至靈石以北，我整 1D（欠 1B、附 47B／整 27D）續向北推進，於八月十九日克復侯馬並解曲沃之圍，八月二十一日以一部進佔高顯鎮，與 2WA 部隊會師，打通同蒲路南段之初步任務，雖告完成，但為便於繼續打通靈洪段，乃劃定靈石（含）以南地區，由 1WA 收復，以北由 2WA 收復，且使整 1D（附 47B／整 27D）於九月三日先以一部向東推進，九月四日收復冀城，我整 1D（欠 78B、附 47B／整 27D）續向浮山推進，九月二十七日晨正與匪警 4R、5R、13B 激戰間，匪另以 10B、11B、24B 由安澤南下，於大陽附近猛烈圍攻我 1B，迨我 167B／整 1D 於九月二十三日午克復浮山後，協同 47B／整 27D 赴援大陽，我 78B／整 1D 之一部，亦由臨汾馳援，匪在我援隊反包圍下，復經我空軍之參加地面戰鬥，惡戰至九月二十四日，匪不支，乃向東北竄退。是役我 1B 旅長黃正成、副旅長戴濤及劉團長玉樹均受傷失蹤，王團長亞武陣亡，官兵傷亡三千餘人，匪亦傷亡七千餘，遺屍九百具，十月二日我整 90D 主力已到達臨汾，以其 53B 於十月七日收復洪洞，61B 於十月九日收復趙城，同時 30D 主力，亦於十月七日推進至浮山西北之卦底村附近，是（七）日晚，匪以 10B、11B、24B 共五千餘人，向我浮山守軍整 30D 之一個營圍攻，翌（八）日我整 30D 之主力向南馳援，經竟日激戰，斃傷匪達三千人，匪不支乃向安澤竄退，我 61B／整 90D 續於十月十五日擊潰匪警 2R 及民兵共二千餘人，後克復霍縣，十月二十四日乃與 2WA 之 34A 主力於十月八日克復靈石後，十月二十五日繼續南下之部隊，會師於霍縣北附近之南江村，至是晉東南之戰鬥，乃告一段落，但匪以主力始終未被我擊破，致我兵力轉用之後，匪對冀城、絳縣、垣曲固不斷竄犯，且乘我同蒲路靈石南之南關鎮及其附近，未置有力部隊扼守，更向晉西竄擾，遂復勞師進剿，續演成晉西戰鬥。

（二）晉西戰鬥

在晉東南戰鬥中，我為迅速打通同蒲路南段，曾劃定靈石（含）以南，由 1WA 負責，靈石以北由 2WA 負責，當九月下旬，我 1WA 所部 1B／整 1D 挫衄於浮山之役時，北進之師，因而稽遲，迄十月十五日始克復霍縣，此時 2WA 已於十月上旬以所部 34A 主力於克復靈石後，繼續南下，與 1WA 胡長官所部會師的靈縣南之南江村，至是 2WA 遂請 1WA 依照作戰地境派隊接防靈石以南迄霍縣之地區，胡長官未予照辦，2WA 閻長官亦只留少數地方團隊警戒，而將主力北撤，此兩戰區間約五十公里之間隙，竟未確實連繫，奸匪陳賡見有隙可乘，遂於十一月十一日以太岳軍區主力，由南江村北 10KM 之南關，越同蒲路，西渡汾河，竄犯晉西，旬日間先後竄到匪 10B、11B、12B、13B、14B 等五個旅，自十一月二十一日起連陷永和、大寧、馬門關、永和關、辛關渡、平度關、隰縣、蒲縣、中陽等地，迨我 1WA 於十二月上旬，再轉用兵力於臨汾集結後，開始向匪反擊，乃以整 9D 及整 1D（欠 78B），經數度激戰，於十二月十九日克復蒲縣，續以 1B／整 1D 逕由蒲縣向大寧，整 90D 繞向大寧北側併力攻擊前進，於十月二十四日擊潰匪 10B、11B、13B 後，攻克大寧，嗣匪萬餘人於一月上旬，向我蒲縣反撲，經我增援，匪即向北竄去，現踞晉西之匪對蒲縣、大寧以南地區，雖已無侵犯之力，然我欲克復汾西、隰縣、永河以北各地，則尚有待一、二兩戰區之合作也。

（三）檢討

該方面對同蒲路南段之打通，雖已達成任務，但因逐次使用兵力，既未擊破匪主力，且使 1B／

整 1D 遭受重大損失，迨後對靈石以南迄霍縣北三十公里南關鎮南北地區，未曾派兵接防，僅由 2WA 留置小部隊擔任警戒，致匪得以西竄，復演成晉西戰鬥，隰縣、石樓、中陽等地之失陷，使延安與晉西、晉東間連成一氣，構成平遙、太原間之威脅，勞師費時，良為失策。

第四款　第十二戰區方面

（一）大同集寧戰鬥

奸匪為排除由延安至東北走廊之唯一障礙，背棄能不進攻大同諾言，糾集優勢於我大同守軍五倍之兵力，約五萬餘人，於八月三日發動攻勢，逐次緊縮包圍圈，圍攻大同，國軍除以原任守備之兵力約萬人，由楚副總司令溪春指揮固守外，為解大同之圍，乃以 12WA 所部主力，由傅長官作義率向集寧進擊，此次攻防兩戰鬥，遂蟬聯而起。奸匪於八月三日開始進攻大同之初，以姚喆任攻圍軍總指揮，率四萬餘人，攻略大同外韓家莊、口泉、平旺等要點，迄八月十五日，對大同城郊，共發動八次猛攻，尤其對城東曹夫樓，曾使用毒氣，匪以圍攻既未得逞，且死傷甚重，乃由張垣增援 11B、12B、13B 等部，協攻大同，迄八月二十一日，匪酋聶榮臻以大同久攻不下，乃親自指揮，重新部署，限八月二十三日起，一週內攻陷大同。八月二十五日，匪猛攻達十九次時，攻陷城南之周家店，我以城東南沙嶺已呈突出，固守困難，遂自動放棄沙嶺，併力城守，而固守城西警校之我保安總隊第一大隊，以時逾兩旬，損失過重，糧彈均缺，乃於八月三十日將工事破壞，撤至城內。當匪於八月二十八日，炸燬我曹夫樓陣地兩處，將該據點攻陷時，另由城之東北附近以一部乘勢突入東關，經搏戰一晝夜後，被我擊退，迄八月三十一日，匪猛攻達二十五次，我城南北岳廟守軍，已傷亡殆盡，殘部突圍至城內後，機場已受嚴重威脅，於是空運補給，頓臻困難，大同之防守戰，實已瀕於危殆境地，斯時我 12WA 傅長官乃不得不決於九月一日，由歸綏開始，向集寧進擊之行動矣。但匪對大同圍攻已益見猛烈，於九月三日行第二十七次猛攻時，又使用毒氣，我中毒者百餘人，城北車站乃被迫棄守，九月四日以後，匪雖續行進攻，共達三十餘次，然以向集寧轉移六個旅兵力，如是迄九月十日大同攻勢力量銳減，我守軍乃於九月十六日乘勢出擊，遂與由集寧南下友軍會師於得勝堡。我 12WA 自九月一日以 T3A（欠 T10D、附 N31D）由歸綏開始行動後，九月五日攻克卓資山，九月八日進抵集寧西郊，九月十日攻略城外各重要據點，並以一部突入城內，激戰至九月十一日晚，匪以大量援軍進行反攻，我軍在劣勢情況下，苦戰兩晝夜，T11D、T17D 陷於混戰狀態，N31D 乃斷然擺脫匪之夾擊，會合騎兵部隊，轉而併力攻城，加以 11D、N32D、N4KD 兼程趕到，復於空軍助戰之下，於九月十四日攻克集寧，我暫編騎兵第二、十四兩總隊，於九月二日進抵陶林，九月五日攻克大土城子，九月六日迫近集寧近郊後，即向集行西北兩門襲攻，九月十二日協力 N31D 之攻城戰鬥，於攻克集寧城後，九月十六日續協力追擊向豐鎮潰退之匪，九月十九日攻克豐鎮後，續對向陽高敗退之匪追擊。我 35A（欠 N31D、附 N2B、T1KB）由歸綏南開始行動，於九月五日經田家鎮，轉向卓資山前進，九月十三日加入集寧攻擊戰鬥，攻克集寧後，以所部乘勝分途追擊，N32D 九月十七日攻克香火地，九月十九日續克涼城，N2B、TIKB 協力 N4KD 於九月十九日攻克豐鎮後，續對左雲敗退之匪追擊，我 N4KD 協力友軍攻擊集寧後，會合 N2B、TIKB 於九月十九日攻克豐鎮，續向大同南進，九月二十日與由大同北進之友軍會師於得勝堡。是役匪在大同方面傷亡達二萬餘，集寧方面傷亡達四萬餘，集寧城郊遺屍達兩萬具，我在大同、集寧兩方面，攻防戰鬥中，各傷亡三千餘人。

（二）張垣戰鬥

奸匪以張垣為對晉、冀、熱、察、綏各地策動軍事政治叛亂之主要根據地，即不斷向冀東及平漢北段各地國軍襲擊，且一面構築堅固工事，一面向外圍擴張，以逞其囊括華北，溝通東北之陰謀，國軍自解大同圍後，即以 12WA、11WA 之主力及東北行轅之一部，於九月下旬起，開始會攻張垣，張垣奸匪為熱察野戰軍區司令員聶榮臻所轄第一、二兩個野戰軍，冀熱遼、綏蒙、遼西三個軍區，一至四，四個縱隊，及直屬之教導師、13B、N6B 等部，總兵力共約十五萬餘人，當我開始行動之初，匪以我將從張垣以東地區與之決戰，使用最大限之兵力，於懷來附近地區，企圖利用既設之強固工事，以求決戰，我 12WA 傅長官秉承既定之全般作戰指導，僅以 T10D 守備歸綏，以 N2B 由涼城方面向右玉佯動，暗將所部主力集結於綏東時，匪以為我 12WA 主力，猶在歸綏或其東南附近地區，僅以小部兵力守備張垣及其以西要點。九月下旬，我 12WA 傅長官以孫蘭峰指揮騎兵集團（NK4D、T14K 總隊、T2K 總隊、T1KB）、董其武指揮 T3A（T11D、T17D）、35A（N31D、N32D、101D）等部，向張垣攻擊前進，九月二十七日我 N4KD 及 N31D 各一部攻克興和，十月一日續克南壕塹，我騎兵集團十月六日攻克尚義，十月八日續克張北，十月九日攻佔狼窩溝，我 35A 及 T3A 主力於十月十一日併力攻克張家口，十月十二日續克宣化，十月十四與 11WA 西進部隊於宣化南附近會師，除留一部兵力固守佔領地區外，續以有力部隊，分別向西向南追擊潰退之匪，我 T3A、

35A 各一部於十月十五日攻佔左衛，十月十八日攻佔柴溝堡，十月二十一日攻佔天鎮。我由大同東進之 N5KD、N6KD 及 T38D 等部，十月二十二日攻佔聚樂堡，十月二十三日攻佔陽高，與我由張垣向西追擊之部隊會師於陽高，打通平綏全線後，續向蔚縣方面追擊，十一月四日克復陽原，N31D 於十一月五日克復廣靈，T38D 十一月九日克復懷仁，十一月十一日克復山陰，T1KB 十月十七日克復商都，十一月一日克復德化，T14K 總隊十一月五日克復康保，十一月九日克復寶昌，至是察省境內奸匪漸告肅清。

（三）榆林外圍戰鬥

延安奸匪為打通國際通路，圍攻大同未逞，張垣復為我攻下之後，即以王震指揮萬餘人，由綏德、安定、靖邊分三路向我榆林外圍進犯，我以防線延長，兵力單薄，激戰至十月十八日，遂被匪連陷鎮川、武家坡、石灣、波羅、橫山等要點，轉守魚河堡、響水堡東西之線。自十月九日晚起，匪復以優勢兵力猛攻響水堡，迄十月二十一日攻擊益烈，我守軍 2R／N11B 之第一營因傷亡過重，乃於十月二十二日撤至榆林西南 17KM 之歸德堡，匪又轉用兵力攻陷魚河堡，俟我十月底由鄠縣開始空運 28B／整 36D 之 83R，於十一月上旬抵達榆林後，該方面狀況乃稍趨穩定，我在堡守堡（榆林西南 20KM）、歸德堡（榆林西南 18KM）、玉皇廟（榆林東 30KM）迄高家堡（榆林東北 60KM）之線，與匪對峙，迄今尚無若干變化。

（四）檢討

傅長官作義解圍大同，攻克集寧，殲匪逾四萬，並以神速之行動，攻克張北及張垣，在綏靖作戰中，論功應居第一。

第五款　第十一戰區方面

（一）冀東戰鬥

奸匪李運昌部，自圖阻撓國軍接收東北，先後於榆關、平泉各附近地區，被我擊潰後，竄踞冀熱遼邊區，一面裹脅民眾，從事擴充，一面不斷襲擊國軍，破壞北寧路，迄三十五年秋，匪之冀熱遼軍區所轄遼西 1ED、熱河 1ED、2ED、3ED 及冀東軍區 12B、13B、14B、15B、16B、21B、22B、27B、28B、29B、30B、33B 共四個縱隊，十二個旅，約五萬人，已有進而威脅平、津之企圖，我為鞏固平、津，保障北寧路之安全，為八月下旬，以北平行轅主任李宗仁指揮 11WA 司令長官孫連仲所部之 92A、94A、整 62D、暫編第一縱隊，及東北保安司令部副司令長官鄭洞國所率東北兵團之 13A、53A、93A、保三、四兩支隊，對冀東之匪，開始掃蕩，我 93A 於掃蕩北寧路、錦縣迄綏中段，及錦古路、順義迄葉柏壽段各附近地區之匪後，九月四日告克復建平。53A 於掃蕩北寧路綏中迄榆關段北側之匪後，八月二十八日克復青龍，迄九月上旬，連克黨壩、寬城、喜峰口、古北口，與11WA 所部協力打通平古路，續於九月十一日克復遵化，九月二十一日克復興隆。我 13A 於掃蕩錦古路、凌源迄平泉段附近之匪後，八月下旬，連克寧城、承德、隆化等地，九月一日續克灤平，九月十一日克復豐寧，我 11WA 所部於掃蕩北寧路關內段兩側之匪後，整 62D 於九月上旬，連克樂亭、盧龍、遷安等地，九月十一日進抵遵化附近，94A 主力九月十一日克復玉田，九月十二日續克馬蘭峪，其一部於九月十一克復寧河，142D／92A 九月上旬克復香河、寶坻後，九月十二日續克薊縣，92A 主力於九月六日克復三河後，於九月中旬連克邦均鎮、盤山、平谷等地，戰鬥進展，雖稱順利，惟匪僅傷亡五千餘人，未能捕殲匪之主力，冀東各縣仍不斷受匪竄犯，北寧路之威脅猶未能澈底解除。

（二）懷來附近戰鬥

我北平行轅以收復張家口，打通平綏路，鞏固北平之目的，除以 11WA 主力延平綏及其北側地區東進，以東北兵團之有力一部，經獨石口南下，會攻張垣外，使 11WA 孫長官仲連以所部 16A 及 94A 主力，沿平綏路西進，53A 由懷柔沿平綏路北側地區西進，併力向奸匪聶榮臻部主力攻擊，期於擊破懷來附近之匪主力後，與友軍協力，三面會攻張家口。我 16A 九月二十九日攻佔岔道，九月三十日激戰後，續克康莊，十月一日進至懷來東媯河右岸，匪利用既設之強固工事，頑強抵抗，經旬日之激烈戰鬥，匪我傷亡均重，迨我 12WA 主力以迅速之行動，於十月十一日攻佔張家口時，懷來附近之匪主力引而動搖，我益猛烈進擊，乃於十月十三日攻克懷來，十月十日四續克下花園後，並與 12WA 東進部隊於宣化南附近會師，94A 主力十月四日由北平向南口推進，十月十二日攻克鎮邊城，十月十四日進佔礬山堡附近地區。我 53A 十月一日由懷柔向永寧攻擊前進，十月四日進至二道關附近，被匪阻擊，惡戰數日，其時我 16A 亦被阻於媯河右岸，該軍乃於十月八日轉向昌平經岔道轉向延慶進擊，以協力 16A 攻擊媯河附近地區，十月十日 53A 主力渡過媯河，十月十一日攻佔延慶，爾後我 53A 及 94A 主力轉用於平漢北段，16A 則與 12WA 所部協力向南追擊潰退之匪，於十月十四日攻克涿鹿，十一月四日續克匪在察南積年經營之根據地蔚縣，由張垣附近潰退之匪，乃不得不退竄冀西、晉北貧瘠荒險之山地。

（三）平漢路北段戰鬥

奸匪自我空運接收平津及其附近地區後，對石家莊以北平漢路北段國軍，固不斷由東西兩面肆意襲擾，迄三十五年九月下旬，奸匪蕭克為策應匪在平綏路方面之作戰，企圖牽制國軍，遂糾合一至四，四個縱隊，及 N6B、13B 共約五、六萬人，分向我平漢路北段，保定南北各據點守軍 T1 路縱隊（門致中）所部猛烈攻擊，連陷徐水、望都、容城、定興等地，並破壞鐵路達二百五十餘公里。十月上旬，我以 94A 一部由平車運涿縣，向南增援，使 3A 一部由石家莊向北增援，因匪眾我寡，匪仍不斷向我保定外圍，及高碑店、定縣、新樂極力攻擊，激戰至十月十四日高碑店復陷匪手，迄十月十六日我 53A 及 94A 主力由平綏路東段轉用於平漢路北段後，乃於十月十九日克復高碑店，十月二十日克復淶水並收復定興，十一月二日克復徐水，十一月十一日續克望都，匪主力回竄易縣附近，仍不斷進犯我淶水守軍 94A 之一部，均經我增援擊退，其間匪於十一月十七日竟糾集三十餘團約五萬人，向淶水西北地區我 53A 及 94A 主力猛烈圍攻，迄十一月十八日我由北平增援部隊趕到戰場，向包圍我左翼之匪，行反包圍，經夾擊後，匪不支乃向易縣竄退，十二月十五日我整 62D 一部與友軍協同攻克固安，匪對北平附近之平漢、北寧兩路威脅已漸減少，十二月下旬，匪復以三萬餘人，向我保定外圍猛撲，經我 53A 與保 2ED 併力奮戰數日，乃將匪擊退，迄猶不斷以小股之匪向我襲擾，平漢路北段之威脅尚待排除。

（四）檢討

冀東之掃蕩，雖連克縣鎮，然在遼闊之地域，不分區實施，所採分進合擊戰法，沿交通線進剿。匪在合圍以前，即已逸去，勞而無功，復遺後患。

第六款　東北方面

三十四年八月九日，蘇聯參加美中英三國波茨坦宣言，對日宣戰，蘇軍由西北利亞分三路進入我東北，八月十四日，日本宣佈投降，在東北之日軍經同盟國統帥部規定，由蘇軍受降，我軍依據中蘇友好同盟條約，於九月開始作接東北領土主權之準備工作，惟以奸匪陰謀擴張竊據之地區，以為顛覆政府，奪取政權之憑藉，遂在某方面相互利用之掩護下，於日本投降之同日，由匪酋朱德命令林彪、張學思等匪部，從冀察魯各方面，分由陸海潛入東北及熱河等地區，並大事煽動，到處收編偽軍、失業工人及無知民眾，遂使向無中共蹤跡之東北與熱河境內，竟有烏合獸聚，達十萬餘人，我東北人民，陷於水深火熱之中，已歷十有四年，久思重返祖國，佇望國軍來臨。而我軍為執行收復領土之神聖使命，並慰藉東北及熱境同胞之期望，乃以東北保安司令長官杜聿明所部在東北行轅主任熊式輝指揮之下，於卅四年十一月中旬，向東北前進，非不得已時，不用軍事力量，完成領土主權之接收工作，惟奸匪多方阻撓，不斷向國軍襲擊，茲將戰鬥經過概述如左。

（一）北寧路戰鬥

因蘇軍既拒絕我由旅大登陸，而匪軍復在某方之卵翼下，先佔據我營口，我接收部隊，乃於卅四年十一月中旬，由關內沿北寧路向榆關前進，其時奸匪李運昌部，約二萬五千餘人，頑據榆關附近，我於十一月十六日以 89D／13A 及 52A 之一部，繞向榆關北面激戰後收復九門口，十一月十七日 13A 經激烈戰鬥，擇潰匪主力，收復榆關，續以 52A 主力越榆關前進，與該軍由九門口方面前進之一部會合，於十一月十七日併力收復中前所。13A 續於十一月十八日收復綏中，十一月二十一日我以 2A 主力續沿北寧路前進，52A 一部由該路以北地區，繞向連山前進，遂於十一月十二日收復興城、連山、葫蘆島等地，同時以 13A 以火車運抵連山，續以 52A 由北寧路以南地區，繞向錦縣以東大凌河附近，進出於北寧路迤北之線，以 13A 主力沿北寧路向錦縣，其一部由高橋、錦縣西側地區，繞向錦縣北附近前進，會攻錦縣附近之匪，此時匪酋林彪已率萬餘人，增援錦縣，並親自指揮，企圖頑抗，經兩日激戰，將匪擊潰，於十一月二十六日收復錦縣。我 52A 一部，續於十一月二十九日收復北寧路溝幫子車站。迄十二月下旬，我肅清附近散匪，續以 52A 前進，十二月二十三日收復北鎮。十二月二十四日收復打虎山、黑山兩地。十二月二十八日收復新立屯，續於卅五年一月三日收復彰武，一月五日收復新民，一月九日收復營口，迄三月上旬與蘇軍協商告竣，我 52A 乃續沿北寧路經巨流河前進，於三月十三日將瀋陽城完全接收，至是北寧路之接收工作，乃告完竣。

（二）遼東戰鬥

我為展開接收東北工作，使接收部隊，向瀋陽集結，且為恢復並維持當地交通，以便部隊調動計，前於一月九日收復營口港口，以被匪軍在某方面戰車部隊協力下，復於一月十四日攻陷，我守軍 25D／52A 之一營，全部殉職，至是乃演成遼東戰鬥。我為取得煤源，乃於 N6A 由瀋陽向南前進之同時，並以 52A 由瀋陽東進，三月二十二日我 N6A 收復遼陽，52A 收復撫順，四月一日 N6A 之一部收復鞍山，四月二日 5D／94A 收復海城，88D／71A 四月二日收復營口，四月六日收復大石橋。我 52A 主力與 N6A 一部，協同於四月下旬，續由瀋陽南併力向東前進，經數度激戰，將匪擊潰，乃於五月三日收復本溪湖，接收遼東之初步任務，乃告一段落。

（三）四平街戰鬥

四月上旬，奸匪林彪及周保忠部，對我政府派赴長春及四平街之接收行政人員，及保安第二總隊，以優勢兵力開始圍攻，歷時旬餘，我守軍孤立苦戰，終以兵力單薄，傷亡過重，糧彈均缺，兩地先後被匪攻陷，殘部及接收行政人員，同時被俘，我進駐瀋陽之接收部隊，迫不得已，乃於三月下旬開始，以 N1A 由瀋陽沿中長路向北前進，三月二十三日收復鐵嶺，三月二十七日收復開原，乃續以 71A 經鐵嶺向西前進，四月四日 N1A 收復昌圖，同（四）日我 71A 收復法庫及康平，續北向八面城前進，以協力 N1A 在四平街方面戰鬥，我 N1A 由瀋陽北進中，以彈藥消耗過鉅，迫進抵四平街南附近，匪利用既設之強固工事頑抗，我竟以火力不足，歷時兼旬，無法攻下，乃續使 N6A 經開原前進，以主力沿中長路增加於四平街方面，一部與 195D／52A 協同向中長路以東地區前進，經數度激戰，將匪擊潰，乃於五月中旬，先後收復舊四平街、新四平街，我北進之各軍，遂乘勢前進，N22D／N6A 與 195D／52A 協力，於五月下旬連續收復西豐、西安、東豐、梅河口、海龍、朝陽鎮、磐石等地，續於六月四日收復樺甸，N22D／N6A 於五月二十一日擊破匪之後衛抵抗，於五月二十一日收復公主嶺，續於五月二十三日收復長春，14D／N6A 與 88D／71A 協力，於五月二十一日收復伊通。88D／71A 與 N6A 之 207D 及 N22D 各一部協力，續於五月二十七日擊潰匪之頑抗，收復永吉後，88D／71A 續向東推進，經激戰於六月六日收復拉法，N1A 分別以所屬各師，於五月下旬，連續收復梨樹、懷德、德惠、農安後，續於六月上旬收復陶賴昭，扶餘，該軍 50D 進抵松花江兩岸地區，71A 於五月中旬收復八面城後，除以一部經公主嶺向伊通東進外，其主力於五月二十三日收復遼源，六月四日收復雙山，六月七日以後，奸匪乘國軍遵令停戰機會，肆力向我全面反攻，於六月八日攻陷拉法，六月十一日攻陷陶賴昭，當時其他各地之匪反攻，均被我擊退，爾後匪對我軍之襲擾，雖不斷發生，但接收中長路之初步任務，亦暫告一段落。

（四）熱河戰鬥

奸匪李運昌部 7B、10B、22B、23B、27B，自北寧路戰鬥被我擊敗後，竄踞錦古路義承段，不斷對榆關以北北寧路國軍襲擾，國軍為接收熱河領土主權，並排除北寧路之威脅，於三四年十二月下旬，以 52A 主力由錦縣南附近，沿義承路，13A 由錦縣北側沿義承路以北地區前進，我 13A 先於十二月二十八日擊破匪之抵抗後，收復義縣，續於十二月二十九日收復清河門，十二月三十日收復阜新，卅五年一月四日收復北票後，以所部 4D 向葉柏壽前進，協力 52A 之戰鬥，以 54D 擊潰頑抗之匪 7B、10B、23B 後，於一月十日收復建平，乘勢於一月十二日收復黑水，潰退之匪，續向赤峰竄去。我 52A 主力與匪激戰後，於一月五日收復朝陽，一月九日依 4D／13A 協力，擊潰頑抗之匪 22B、27B 後，收復葉柏壽，其所部 2D 續於一月十日收復凌源，195D 經一度激戰，於一月十三日收復平泉，匪向承德及其以北竄去，嗣以潰退之匪回竄建平，且與冀東及冀熱邊境之匪冀熱遼軍區會合，共達五萬人，不斷襲擊北寧路，而熱河全境亦待接收，乃與卅五年九月以副司令長官鄭洞國指揮東北兵團13A、53A、93A共八個師，及保三、四兩個支隊，與11WA所部協力，掃蕩冀東之匪，截至九月下旬，由榆關迄古北口長城沿線南北各附近地區，及義承以北、建平、寧城迄豐寧之線以南地區，均經我東北兵團先後收復，而熱河省治之承德，亦為是時所收復者，迨北平行轅以11WA、12WA之主力沿平綏路東西對進，會攻張垣，我東北兵團為策應平綏路11WA、12WA之作戰，並接收熱河全境計，乃續以13A、93A及71A主力，於十月四日別由凌源、承德各附近，向北向西攻擊前進，我93A於十月八日克復寧城後，十月十日續克赤峰，並以一部遠向赤峰以北林東經棚之線進出，十月下旬，另一部以南克建昌，我13A於十月七日克復圍場。十月十二日續克多倫之後，乃轉而南向張垣東北地區前進，於十月十七日克復沽源，十月二十三日克復赤城，續於十一月十一日克復永寧城，我71A主力，於十月中旬由遼源西進，於十一月二十日收復大林，同時我保三總隊為策應71A之作戰，以一部分由彰武向北向西前進，於十月二十日收復伊胡塔後，續北進協力71A主力，於十月二十三日收復通遼，71A主力續於十月二十六日收復開魯，保三總隊西進之另一部，於十一月十一日收復綏東，至冀東之匪主力猶未捕殲，北寧路威脅，仍待努力排除，但接收熱河之任務，則初步完成。

（五）安東戰鬥

竊據遼東之奸匪，為遼東野戰軍區司令員程世才所部 3ED、4ED、SD、S2D、保 3B、18B、民主同盟 1A、第四分區及一部民兵，共約八萬人，年來裹脅民眾，清算鬥爭，破壞交通，襲擊國軍，幾使軍民交困，我東北保安司令部，為接收遼東之領土主權，並防治奸匪之擾竄，乃以迅速接收安東地區之目的，於十月中旬，先以 52A 一部向連山關及其以東地區前進，續以主力（N6A、184D／60A、91D／71A、52A 主力、N1A 一部）分由大石橋、海城各附近，迄新賓、柳河一帶，向安東及其以北地區攻擊前進，我 14D／N6A、184D／60A 各一部，十月二十日由大石橋南進，擊潰匪 SD 一部後，收復蓋平，續於十月二十五日收復熊岳城，N6A 主力由海城南進，擊破匪 SD 主力後，於十月下旬，連續收復白羊溝、岫岩、黃花甸、大孤山、青堆、莊河等地，我 2D／52A 由本溪湖南進，十月二十日收復下馬塘，十月二十一日收復連山關，於擊破匪 4ED 一部及 18B 後，迄十月二十六日連續收復草河口、鳳城、丹東、大東溝等地，續以北向增援該軍之 25D，於十一月二日收復寬甸，25D／52A 由本溪湖東附近南進，十月二十二日進抵賽馬集附近，經四日之激戰，將匪 4ED 主力擊退，續向寬甸前進中，以疏於搜索警戒，陷入靉陽邊門附近匪之袋形陣地內，匪 4ED 殘部，及 7B、民主同盟 1A、第四軍區分部之一部，共萬餘人，於十月三十日晚，向該師圍攻，該師師長李正誼復處置失當，我 2D／52A 及 N22D／N6A 均赴援不及，遂傷亡官兵五千餘人，師長李正誼、副師長段培德、75R 團長趙振戈、73R 團長李公言均負傷被俘，74R 董團長顯武陣亡，殘部於十一月二日突圍至賽馬集附近。195D／52A 由新賓南進，與匪 3ED 主力激戰旬餘，將匪擊潰後，於十一月二日收復通化，並以一部北進，與由柳河南下 N1A 之 N30D 會師於哈尼河打通海通路，我 195D／71A 由熱河轉用至撫順附近後，十月二十五日向桓仁東進，與匪 4ED 一部激戰數日，將匪擊潰，於十一月二日收復桓仁，嗣於十一月下旬，我續以 N6A 之一部由熊岳城、莊河向南推進，收復復縣貔子窩，十二月下旬，2D／52A 由寬甸向北推進，收復輯安，其時匪 SD 殘部約四千人，以南竄普蘭店，為蘇軍拒絕，乃復回竄復縣東北地區，尚待繼續清剿中，然其於我兵力之運用，不免受其牽制，惟遼東半島之接收任務，依中蘇條約，所商訂者，已初步完成。

（六）松花江沿岸戰鬥

奸匪林彪乘國軍遵第三次停戰令停戰之機會，

於東北各地，調動頻繁，經月餘之準備，乃於本（卅六）年一月上旬，沿松花江向我通化、永吉、德惠迄遼源各附近地區守軍發動全數攻勢，由臨江附近向我通化方面進犯之匪，為 3ED 及保 3EB 各一部，並附砲兵一團，自一月十三日開始向我猛攻，經我 195D／52A 奮力抵抗，迄一月十六日該軍 2D 由輯安北協力向匪夾擊，乃將匪擊退，一月九日由樺甸東北迄拉法附近地區，開始向我永吉東南各附近進犯之周保忠匪部，經我守軍保二支隊與匪激戰三日，由 N38D／N1A 以一部增援，迄一月二十日將匪擊退。一月六日由陶賴昭東南地區，開始向我德惠東北各附近守軍 N1A 分途猛犯之匪，為 N1D、N2D、N3D、2D、3D、5D、16D、17D、18D 等共約七萬餘，自一月七日迄一月十四日連陷我其塔木、焦家嶺、大房身、木石河、城子街等地，我王團長東籬一員自殺，經我 N1A 主力及 71A 一部增援，於一月十五日開始，向匪反擊，迄一月二十二日被陷之各地，均經先後克復，由太平川附近，向我遼源北附近進犯之匪約萬餘，一月十四日經我保康附近守軍 87D／71A 奮勇迎擊，已將匪擊退，現已恢復本年一月上旬原位置。

（七）檢討

榆關之役，將匪李運昌主力擊潰，使接收東北工作，獲得順利之開端，惜對四平街之進軍，行動過於遲緩，嗣打通錦古路，及迅速接收東北地區與遼東北部，使熱遼均獲得屏障，且切斷匪由海上運輸之通路，於戰略上收獲頗大，惟進得佔遼東半島達熊岳城、莊河之線後，迅即進佔普蘭店，雖未達中蘇條約規定之界線，但未顧及予蘇軍不良刺激，易起意外糾紛，且兵力形成扇形，致我 25D／52A 既遭受重大損失，復未能擊破匪之主力，遂使敗退之匪復行回竄，牽制我兵力之運用，殊為遺憾。

附表八　匪軍投誠人員暨攜繳械彈統計表

第三廳第二處四科調製

類別／區分	人員		其他		備考
	官	兵	馬匹	帆船	
徐州綏署	379	21,873	4	210	
鄭州綏署	56	2,033	1		另有匪千餘，於卅六年元月六日至十日，正分向我商縣、山陽縣府及圍剿部隊洽商投誠中。
武漢行轅	71	2,044			內有匪軍李克平 172R，約一千五百餘反正，武器數字不詳。
第二戰區	168				榆次共軍工作人員。
北平行轅	172	16,789			內匪軍楊正春率 53R、58R、59R 反正，約四千餘，武器不詳。
東北行轅	13	48,349	455		杜聿明亥文一代電匪軍反正官兵 48,349 名，均列入士兵欄內。
廣州行轅		392			
總計	859	91,480	460	210	

類別／區分	繳械彈						
	步槍	輕機槍	手槍	手榴彈	擲彈筒	地雷	子彈
徐州綏署	2,333	15	52	5,069		12	3,339
鄭州綏署	434	16	23				300
武漢行轅							
第二戰區							
北平行轅	68	1		1	5	4	
東北行轅	18,723	25	30		4		13,150
廣州行轅	12		26				
總計	21,570	57	131	5,070	9	16	16,789

附記

（一）本表係根據各綏署戰區行轅自卅五年六月至十二月底電報報告調製。

（二）所報官兵未分計者列入士兵欄內。

（三）元月份尚未據報故未列。

附表九　三十五年自六月七日起至十二月底止國軍綏靖作戰收復縣市面積人口統計表

區分	城市	面積	人口	備考（收復城市名稱）
六月份	2	3,700	703,000	來安　益都
七月份	15	26,030	5,194,000	
八月份	14	59,860	4,680,000	
九月份	34	121,720	7,912,000	
十月份	53	362,150	12,430,000	寶應　高郵　東台　興化　啟東　昌邑　高密　嶧縣　濟寧　膠縣　焦作　博愛　沁陽　溫縣　孟縣　鉅野　嘉祥　洪洞　趙城　霍縣　靈石　定縣
十一月份	17	123,250	3,754,000	壽光　齊東　桓台　掖縣　濮陽　蔚縣　陽原　德化　康保　寶昌　沽源　寬甸　桓仁　通化　復縣　綏東　廣靈
十二月份	12	63,100	3,878,000	漣水　鹽城　阜寧　邳縣　濮陽　內黃　清豐　赤城　龍關　固安　魯北　輯安
總計	147	759,810	38,551,000	

附表十　三十四年八月下旬起至三十六年元月下旬止國軍綏靖作戰我匪傷亡統計表

國防部第三廳第二處第四科調製

			徐州綏署	鄭州綏署	武漢行轅	第二戰區
第一期（卅四年八月下旬至卅五年六月七日止）	負傷	我		1,303		2,250
		匪		6,011		24,781
	陣亡	我		434		1,672
		匪		3,005		22,761
	失蹤	我				
		匪				
	被俘	我				
		匪		99		678
	合計	我		1,737		3,922
		匪		9,155		48,220

			北平行轅	東北行轅	廣州行轅	總計
第一期（卅四年八月下旬至卅五年六月七日止）	負傷	我	2,985			6,538
		匪	10,410			41,202
	陣亡	我	2,480			4,536
		匪	466			26,232
	失蹤	我	115			115
		匪				
	被俘	我				
		匪	682			1,549
	合計	我	5,530			11,189
		匪	11,558			68,983

			徐州綏署	鄭州綏署	武漢行轅	第二戰區
第二期（卅五年六月八日至卅五年十二月底止）	負傷	我	92,610	31,870	564	8,918
		匪	216,939	130,709	16,673	25,282
	陣亡	我	30,595	11,181	1,692	3,933
		匪	108,466	74,158	8,336	12,055
	失蹤	我	8,968	9,616	2,017	193
		匪				
	被俘	我				
		匪	21,822	8,355	6,919	625
	合計	我	132,172	52,667	4,273	13,045
		匪	347,227	213,222	31,928	37,962

			北平行轅	東北行轅	廣州行轅	總計
第二期（卅五年六月八日至卅五年十二月底止）	負傷	我	11,928	8,000	97	145,988
		匪	57,656	26,667	1,756	449,015
	陣亡	我	9,192	2,560	288	56,881
		匪	49,038	13,000	3,512	255,565
	失蹤	我	2,920	440		23,714
		匪				
	被俘	我				
		匪	14,293	333	1,257	53,271
	合計	我	24,040	12,000	385	226,583
		匪	120,987	40,000	6,525	757,851

			徐州綏署	鄭州綏署	武漢行轅	第二戰區
第三期（卅六年元月一日至下旬止）	負傷	我	11,300	581		605
		匪	18,344	11,830	340	2,538
	陣亡	我	10,250	430		242
		匪	8,060	6,477	170	1,285
	失蹤	我	23,150	1,585		90
		匪				
	被俘	我				
		匪	6,616	576	250	201
	合計	我	44,700	2,596		937
		匪	28,020	18,883	760	4,024

			北平行轅	東北行轅	廣州行轅	總計
第三期（卅六年元月一日至下旬止）	負傷	我	200	1,322		34,008
		匪	655	9,630		43,367
	陣亡	我	150	923		11,995
		匪	530	5,841		22,323
	失蹤	我	62	285		5,172
		匪				
	被俘	我				
		匪	134	370		3,137
	合計	我	412	2,530		51,175
		匪	1,319	15,841		68,827

統計	類別	負傷	陣亡	失蹤	被俘	合計
	我	166,534	73,412	49,001		288,947
	匪	533,584	304,120		57,957	895,661
	我匪比較數	（1：2.8）	（1：4.2）			（1：3.1）

附記

一、本表根據各綏署戰區行轅戰報彙列。

二、第一期作戰日數共 278 天，平均每日人員損失我 43 名、匪 248 名，第二期作戰日數 191 天，平均每日損失人員我 1,186 名、匪 3,967 名，第三期 30 天，平均每日損失人員我 1,706 名、匪 2,294 名。

三、我鄭州綏署 181B、243R ／ 81B，1/13-17 於定陶東西台集、黃莊一帶傷亡慘重，確數尚未據報，故未列入。

附表十一　卅四年八月下旬起至卅五年十二月底止國軍綏靖作戰戰績統計表

陸軍	鹵獲步騎槍	49,121 支
	鹵獲手提機槍	102 挺
	鹵獲輕重機槍	848 挺
	鹵獲戰防砲	2 門
	鹵獲迫擊泡	67 門
	鹵獲山野砲	15 門
	鹵獲什火炮	103 門
	鹵獲火箭槍	8 支
	鹵獲槍彈筒	97 個
	鹵獲擲彈筒	581 個
海軍	擊沉小軍艦	2 艘
	毀俘汽艇	25 艘
	毀俘帆船	34 隻
	鹵獲步槍	14 支
空軍	擊毀飛機	78 架
	炸毀什火炮	12 門
	炸毀坦克車	7 輛
	炸毀汽車	540 輛
	炸毀火車頭	83 個
	炸毀車箱	585 節
	炸毀船舶	2,985 隻
	炸毀陣地	707 處

附圖一　國軍綏靖戰役各月份收復區域要圖

三十五年六月七日至十二月底止

第五章　第四廳

第一節　一般補給業務

第一款　械彈補給

甲、國軍方面

全國陸軍現有未整編軍三〇、師八九、騎兵軍一、師三、旅一，由軍整編成師五五、師整編成旅一四三、騎兵旅八、青年師六，及其他特種部隊與獨立團等，其配賦裝備，包刮國械、美械、日械三種，除美械十個軍、三個整編師，日械三個軍、八個整編師外，餘均為國械裝備，其中美械向賴外援，現以來源斷絕，又消耗特大，已失其為制式裝備之條件，自十一月份起，已擬訂計劃，分期換裝國械中。

一、預定方針

1. 平時：屬於部隊編制以內之經常補充，歸聯勤總部負責處理，其屬於編制外或額外之請補，概由本部核定之。
2. 戰時：各綏靖部隊戰耗武器呈報有案者，由本部督飭聯勤總部按編制配賦數隨時予以補足，至消耗彈藥，則由各作戰部隊由戰區最高指揮官核飭兵站隨時按照規定攜行兩個基數予以補足。

二、補給情形

截至本年終止，經檢討各綏靖區部隊武器，除火砲與步兵重兵器尚差一部外，餘均已按編制配賦數補足，各區屯備彈藥，亦已按規定基數屯足，全國各部隊武器狀況如附表十二。

三、屯彈概況

各綏靖區按輕兵器兩個基數，重兵器四個基數，由兵站屯足，東北區按輕兵器四個基數，重兵器六個基數，由第六補給區屯足。

乙、保安團隊

一、一般狀況

全國非正規軍性質之部隊，如團隊、警察、交警、路警等之械彈，悉由本部籌補，計全國各省保安團隊，現有步兵保安總隊一三八個、騎兵保安總隊十九個、保安大隊三十六個、保安中隊兩個，自抗戰勝利以來，曾迭就收繳敵偽武器中，先後斟酌各省實際情形撥補甚多，其編製武器及現有待補情形，如附表十二，另由東北自新軍改編保安團四十個，所需武器正核補中。全國各省市警察，據內政部統計，除東北九省及台灣外，員警總數為三三五、二九四員名，其武器於抗戰勝利後，曾就日械中撥補一部，九月份以來，因械彈困難，甚少補充，其狀況如附表十三。交警總局原由前別働軍及中美合作所改編而成，轄交警總隊十八個，核定補給人數六萬四千八百人，其配賦武器，多為美械，該局成立後，並由聯勤總部撥發日械步槍九五〇〇支，輕機槍六八四挺，重機槍二八八挺，平射炮一四門，迫砲六八門，擲彈筒六八四具，妥為調配，已足敷用，其狀況如附表十三。東北路警總局奉主席指示，本年內編足五萬人，所需武器，因庫存不裕，暫按半數撥補。

二、籌補情形

1. 保安團隊武器，因本部無該項軍費預算，籌補甚感困難，為爾後便於統籌籌補計，於本年十月間，已將該項預算，由本部代為造列，逕移預算局辦理。

2. 東北各省情形特殊，保安部隊所需武器，暫授權東北行轅熊主任統籌撥補，計已撥步槍五〇、〇〇〇支，輕機槍八一〇挺，重機槍三六〇挺，迫砲六〇門，其分配情形如何，正催報中。

3. 為明瞭各省保安團隊武器之實際狀況，已分電各省現有武器品種數量，先行報部，並擬定地方團隊械彈呈報及請補辦法，通令遵辦中，其詳細辦法如附法十六。

4. 交警總局及東北路警總局之戰耗請補，經規定如下：

(1) 配合國軍作戰之部隊消耗，報由指揮作戰之高級指揮官核補，局部護路，或剿匪之作戰消耗，由各該局轉報本部核補。

(2) 凡未經呈報戰耗者，概不補充。

第二款　糧秣補給

甲、配糧概況

一、三十五年四月至九月配糧，按四百五十萬籌劃，另有普通及特種準備糧各五十萬人（包括自新軍、日俘日僑及軍眷糧等），自三十五年七月一日起由本部啣接前軍政部繼續辦理。

二、三十五年度備糧分為兩期籌劃，其概略情形如左：

1. 第一期（三十五年十月至三十六年三月）：按五百萬人籌配，如附表十四。
2. 第二期（三十六年四月至九月）：暫按三百萬人籌配，預計不敷甚鉅，現已按照第一期籌糧人數籌劃追加矣。
3. 另專案奉准籌配軍眷糧五十萬人。

三、糧源及籌撥情形

各年度配糧糧源，悉由糧食部負責籌劃，分飭各省田糧處按照交接地點，撥交各補給機關接收，運補部隊由本部指導聯勤部隨時注意調配情形，分別檢討，籌補如遇特殊情形，超出一般補給範圍之外者，則由本部提請行政院計核常會討論議決，根據紀錄案辦理，截至本年終止，全國實受補人數，包括自新軍、保安團隊一部、共軍投誠部隊、蒙旗警備部隊、各地警備司令部、青訓團、省訓團、人民服務總隊、囚糧、新兵徵補糧等，五百三十八萬五千九百十二人，計超出第一期額定配糧人數三十八萬五千九百十二人，今後惟力求核實人數補給。

乙、補給情形

一、主食

各受補機關部隊主食，除第八綏靖區之整四十八師，因地理環境及任務情形特殊，暫撥給主食代金由部隊自理外，餘均由補給機關籌發現品，為顧慮綏靖期間一切交通運輸狀況起見，各區籌糧方式略有不同：

1. 江南區（包括徐、鄭、武漢等區）：完全籌發現品。
2. 華北區：大部就地籌購，一部由上海運濟。
3. 東北區：大部由就地徵購，一部由關內運濟。（按糧食部規定自三十五年度起配糧悉由關內各省配運，補給難免失時，經商榷辦理如上）
4. 西北區（包括晉、綏、榆林、新疆等區）：完全撥發糧款，由各區補給機關籌購。

二、屯糧及配糧成份

本部鑑於交通運輸種種困難情形，曾擬定各要點屯糧計劃，三十五年度各地屯糧數字如附表十四，並由各部隊及兵站經常攜帶二十八日份戰備屯糧，以濟不虞，頗著成效。配糧成份，東北區因產米甚少，各部隊主食不能全發大米，改搭雜糧滲食，其規定成份：

(1) 國軍按麥及高粱各三成、大米四成配發。

(2) 補充兵按高粱七成、小麥三成配發。

(3) 自新軍全發高粱。

三、副食

副食補給在前軍政部時已確定貨物補給制度，本部啣接辦理以來，認為事關改善官兵生活，為奠定整軍建軍之基礎，更加積極推行，惟此項新制度之創立，以我國目前一切生產運輸條件均感不夠，勢難同時普遍實施，故預定步驟，儘先從整編單位開始實施，未經整編單位，暫分區發給副食代金，並擬自三十六年元月份起全國普遍實施。

四、匪糧利用

曾經本部會同糧食部擬定各收復區糧食緊急措施八項，承辦主席電令通飭各綏靖區遵照實施，惟以黨政軍工作不能適切配合，迄未收著成效，今後欲求澈底利用，必待獎勵密報、嚴懲私飽，藉資補救也。

附表十二　全國各部隊武器狀況統計表

全國共有三十一個軍、六十一個整編師

名稱＼武器	編制數	配賦數	現有數	待補及超編數
步槍	746,880	767,551	714,817	52,743
輕機槍	60,168	60,069	54,972	5,097
重機槍	12,090	11,846	11,489	357
衝鋒槍	85,710	25,166	59,074	33,908
手槍	34,343	11,314	41,384	30,070
60 迫砲	16,358	14,702	6,672	8,030
80 迫砲	6,286	6,322	3,838	2,484
40 野砲	3,600	3,452	1,895	1,557
榴彈砲	216	180	179	1

全國保安隊武器狀況統計表

一三八個步兵保安總隊、一九個騎兵保安總隊、六三個大隊、二個中隊

編制武器數		現有數	待補或超編
種類	數量		
手槍	5,418	6,642	超 1,224
步槍	198,668	310,509	超 111,841
輕機槍	18,030	8,851	9,179
重機槍	666	855	超 189
迫擊砲	554	408	146
手機槍		79	超 79
擲彈筒		1,355	超 1,355

備考

一、自三十四年八月以來，撥發各省手槍 601 支，步槍 186,268 支，輕機槍 1,790 挺，重機槍 326 挺，迫擊砲 139 門，係由各省府統籌撥配保安團隊、警察、自衛隊使用者，因其支配情形未據呈報，故均列入本表現有武器數內。

二、東北九省，現成立四十個保安團隊，並已撥步槍 50,000 支，輕機槍 810 挺，重機槍 360 挺，迫砲 60 門，由東北行轅統籌支配，尚未列入本表。

三、編制以外之武器均視同超編。

附表十三　全國各省市警察武器狀況統計表

三十五年十二月二十四日

員警總數（員名）	編制武器數		現有數	待補數
	種類	數量		
335,294	手槍	41,372		41,372
	步槍	255,641	237,338	18,303
	機槍	10,360		10,360

附記

一、表列員警總數及編制武器數現有數等，係根據內政部所送資料彙列，但現有數一項，原表僅係「槍械」，未區分種類，均列作步槍計算。

二、東北九省及台灣，均未列入本表。

交警總局所屬各總隊武器狀況統計表

種類	單位	編制武器數				
		每總隊	一至十七總隊	十八總隊	直屬大隊	合計
步槍	支	1,596	27,132	511	515	28,158
手槍	支	337	5,729	436	70	6,235
輕機槍	挺	120	2,040	36	60	2,136
重機槍	挺	24	408			408
平射炮	門	4	68			68
迫擊砲	門	4	68		20	88
擲彈筒	具	124	2,108	41	80	2,353
衝鋒槍	挺	168	2,856	1,243	85	4,184
信號槍	支	15	255	35		305
火箭炮	門					

種類	單位	現有武器數			待補或超編數
		國械	美械	合計	
步槍	支	18,466	卡品槍 11,250	29,716	超 1,558
手槍	支	2,777	左輪 1,440	4,217	2,018
輕機槍	挺	1,648	湯姆生 10,038	11,686	超 9,550
重機槍	挺	405	46	451	超 43
平射炮	門	23		23	45
迫擊砲	門	88		88	
擲彈筒	具	899		899	1,454
衝鋒槍	挺				4,184
信號槍	支	31			274
火箭炮	門		202		超 202

附法十六　地方團隊械彈呈報及請補暫行辦法

一、本辦法所稱地方團隊，包括保安團隊、警察、自衛隊及各盟旗保安隊。

二、各省保安團隊，無論已否整編，應即以總隊（團）或獨立大（中）隊為單位，由省保安司令部，將現有武器彈藥彙表填報，但未整編完成之保安團隊，應於整編完成後，另行表報，爾後並按每月月終報本部備查。

三、警察及自衛隊，應以縣市為單位，由各省（市）府將現有武器彈藥彙表填報，爾後並於每季終季報備查。

四、各蒙旗保安部隊，以蒙旗保安司令部為單位，由各該司令部將現有武器彈藥列表逕報本部，爾後於每季終季報備查。

五、配合國軍作戰之保安團隊彈藥消耗，應由指揮作戰之高級指揮官核實層轉本部請補，並將戰役俘獲損耗報告一併呈報，以憑查核。

六、配合國軍作戰之保安團隊，需補彈藥，如因情況緊急，不及請補，而事實確需補充時，得由行轅主任、綏靖主任、司令長官、綏靖區司令官，視需要先行撥發，事後報備，但撥發彈藥以不超出一個補給基數為原則。

七、擔任地方綏靖或局部剿匪之地方團隊，彈藥消耗，統由省保安司令部轉請核補，並將戰役俘獲損耗報告表一併呈報，以憑查核。

八、關於各地方團隊之武器，概由各省（市）府彙由內政部核轉本部，統籌補撥，但熱河、察哈爾、綏遠、寧夏各省之蒙旗保安部隊，應照蒙旗保安部隊請領械彈辦法第一項之規定，由各該蒙旗保安司令將所屬團隊組織情形，暨現有械彈數量，分別敘明，呈由蒙藏委員會，或綏靖指導長官公署核轉本部補充。

九、地方團隊械彈未按規定呈報者，概不補充。

十、本辦法自頒發之日起施行。

附表十四　卅五年上半年全國部隊機關學校受補軍糧人數統計表

卅五年十二月二十四日
四廳二處五科

區分	受補人數
陸軍	3,331,364
海軍	82,157
空軍	235,837
各地衛戍及警備部	15,089
兵役機關	45,744
聯勤機關	634,830
中央軍事機關	155,955
其他	87,320
總計	5,000,000

三十五年度各地屯糧統計表

三十五年十二月二十四日
四廳二處五科

區分	屯糧數	動用數	實存數	收屯機關
平津保石區	小麥 80,000	22,735	57,265	第六兵站
膠濟區	小麥 50,000	31,000	18,000	第四兵站
鄭州區	小麥 59,365	24,939	34,426	第一兵站
晉南	小麥 43,694		43,694	第七補給區
徐蚌區	大米 120,000	120,000		第五兵站
京滬區	大米 7,767		7,767	第一補給區
總計	大米 127,767	120,000	7,767	
	小麥 233,059	79,674	153,385	

第二節　後勤編制

第一款　補給機構之調整

為適應狀況，配合作戰，減少人員，節省軍費起見，對補給機關作如下之調整：（一）長江以南各補給區撤銷，暫保留供應局，第二、第三、第四各補給區司令部，限於三十六年二月底以前結束。（二）凡補給區司令部與兵站總監部同駐一地者，應以裁撤兵站總監部為原則。（三）所有兵站分監部，一律於三十六年一月底縮編為支部。（四）上海設港口司令部，以外品接收處及上海水運辦公處為基幹，於三十六年二月底編組成立。（五）駐新供應局改組為南疆與北疆兩供應局，其原有之分局、辦事處等機構一律裁併，於二月底改組完成。（六）各撤銷之補給區轄境內之供應補給機構，應速調整裁併撤銷，於一月底以前擬具調整計劃呈核，期於二月底完成實施。

第二款　擬定核實部隊人數辦法

查軍隊人數之核實與補給，至關重要，為達到防止部隊吃空，使其列報人數確實而利補給起見，乃針對部隊現實狀況根據，（一）使部隊本身不易吃空，而上峰查核容易，（二）嚴訂法令，使不敢再有吃空念頭，（三）部隊實際困難，務須予以合理解決，三原則，擬訂防止部隊吃空辦法，如附件計四，經呈核奉批召集有關單位開小組會議決定，惟會後本辦法中最重要而有效之士兵名籍冊加貼相片對照，與部隊增發補給費兩項，預算局與財務署均感目前似難實施，故迄今未將具體辦法送廳，以致遲遲不能實施。

第三款　整補兵站倉庫及輜重輸送部隊

根據三十五年春季校閱及部長白校閱特種兵結果，以兵站倉庫人員，多非本科出身，亦未經訓練，且無教育設施，士兵亦無教育機會，各部隊之輜重輸送部隊人馬車輛鞍具等均未齊全，而幹部亦多非本科出身，教育水準甚差，對平時訓練戰時任務之遂行，均難期達成，為充實力量配合作戰計，乃針對此種缺點，於十月九日訂定兵站倉庫及部隊輜重輸送部隊整訓補充辦法，如附件法十七，頒發各部隊機關遵照辦理中。

附計四　防止部隊吃空充實軍力方案

A. 理由

1. 查我國徵兵制度未澈行，基礎未穩固，保甲組織不健全，政治仍未上正軌，內戰抗戰連年，迄今社會風氣敗壞，國民道德喪失，投機取巧，逃亡頂替，買賣壯丁及部隊吃空，已成為習慣，蒙蔽欺騙，貪污舞弊，黑暗重重，以致兵員補充困難，部隊力量不能充實。

2. 查部隊之有吃空其最大原因，厥為各級人員缺乏公忠體國，藐視法令，上行下效，執行不力，紀律廢弛，及軍人待遇菲薄，部隊經費不裕，一切正當額外開支無有所出，與受一切生活社會環境支配所造成，而部隊實際之困難，則在各種雜兵之有津貼，為一般部隊中相沿成為習慣，通常每一連長，必須津貼連部文書、號兵、理髮兵、炊事兵、傳達兵及傷患士兵之犒賞等，因無其他額外款項開支，只有憑藉吃空，以資挹注，致成流弊，營以上各級部隊長之津貼士兵，除與連長相同外，更有為顧念所屬官佐婚喪生活等之困難，而常有給予補助費，以及其他臨時各項事業費之支出，亦類皆藉吃空缺維持，實為我國軍隊一種最不良之現象。此種流弊亟應雷厲風行，嚴予根絕，然後始能建設現代化之有力國軍。

3. 查部隊吃空影響於統御、訓練、作戰與補給者至鉅，蓋上下有交相吃空，馴至紀律廢弛，威信掃地，統御已因之困難，遑論訓練作戰，從來部隊人數難得確實之數字，亦殆因此。依編制，步兵一團有士兵二千四百七十八人，據查現參加作戰者，大都僅七、八百人，至多亦不過一千人，度其空缺之多，可以想見，又其訓練與作戰之困難，更可知矣。查部隊吃空，依一般情形，每師似在二千名至四千名間，若以一等兵計算（每月餉項、主副食費、服裝、草鞋、醫藥、教育等費，共約三萬餘元，詳附表），每師每月被吃空經費約在六千萬元至一億二千萬元，度空耗公帑之鉅，殊足驚人。為維持威信，嚴肅紀律，充實軍力，節約公帑，並解除部隊實際困難，使各級部隊長能安心認真致力於管訓作戰起見，亟應兼籌並顧，從速嚴為整飭。

4. 查部隊吃空之原因，已如上述，而往昔防止之法亦多矣，然而迄未能收效者，推其重要原因約為下列數端：

（一）士兵花名冊無相片對照，體重身長亦無登記，點驗時，乃可拉補頂替，或上級部隊可隨意添造花名。

（二）因軍需制度尚未澈行，人事與經理均由主官負責，故浮報吃空之經費，仍可領到。

（三）藐視法令，上行下效，紀律廢弛，失去層層監督之效（團以上之吃空往往將連所報之花名冊及餉冊，添列花名，如是則連長亦可效法，並有上級向下級寄空缺，或令繳補助費，惟查其所以致此者又在部隊有實際種種困難，已如上述矣）。

（四）以前所派點驗人員，因接受部隊優隆招待與饋送物品，大都徇私，奉行不力，缺乏責任觀念，點驗時僅舉行集合部隊報數或點呼馬虎了事，討好部隊長，未能運用嚴密方法，認真查核，令人有何必多此以一舉之感。而點驗認真上報，亦無適時適切之獎懲，久之相因成為馬虎之習慣。又近派赴各軍師之連絡官，雖負有核實人數之責，然因人少監察難周，故部隊人數迄今仍無法核實。

B. 辦法

1. 全國部隊士兵年籍冊，應增加一寸光頭半身戎裝相片，及體重身長明顯指模箕斗，以資隨時查考對照，其師團部，可各准增照相組一組，附設於師政治部及團督導員室，凡士兵粘貼年籍冊之相片，均須由該組攝影並蓋其戳記。
2. 對士兵人事之異動，除按原則規定辦理外，仍應責成副主官（連為連附或中尉排長、獨立排為排附，營以上類推）詳確查明，每月各向其所轄上級副主官表報一次，並以其所報之人數為核發經費及一切補給之根據（副主官之報告以報至軍為止，由軍長負責核實彙報）。
3. 由各有關廳局署司，從速組織點驗機構，經常輪流至各部隊監點，並由本部隨時電飭就近高級軍事機關兵站及監察局隨時指派高級人員，暗中赴各部隊隨時抽點。
4. 如有玩視法令吃空，及其上級長官監督不嚴，與負有核查人事異動責任之各級副主官放棄責任，執行不力者，一經查出，即分別嚴予處分，並規定吃空處分暫行辦法如左：

<table>
<tr><td rowspan="2">吃空人數</td><td colspan="3">處分區分</td></tr>
<tr><td>單位主官</td><td>直轄各級主官</td><td>各單位各級副主官</td></tr>
<tr><td>一名</td><td>撤職</td><td>記過一次</td><td>記過一次</td></tr>
<tr><td>二名</td><td>徒刑一年</td><td>撤職</td><td>記大過一次</td></tr>
<tr><td>三名</td><td>徒刑二年</td><td>徒刑一年</td><td>撤職</td></tr>
<tr><td>四名以上</td><td>槍斃</td><td>徒刑二年</td><td>徒刑一年</td></tr>
<tr><td colspan="4">附註
一、查吃空處分已於陸海空軍刑法上載明，似可毋庸再行規定，惟現查吃空之風甚盛，而一般藐視法令，頑固已極，為根絕此弊，非由嚴刑峻法，另訂臨時單行法令頒行實施，難收效果。
二、政治部主官對於士兵照相未照辦處分與副主官同。
三、擬仍先送請軍法處核簽意見呈核。</td></tr>
</table>

5. 凡負有監點責任者，應絕對貫澈上級命令，絲毫不苟，切實執行任務，倘有執行不力者應予嚴重處分。
6. 部隊公私用品，實行實物補給，或以物品現價補給代金。
7. 為顧及部隊實際困難，擬如附表予以各級部隊之補助費，倘查仍有吃空情事，除照第四項規定處分外，不論吃空名額多少，其吃空單位及其直隸上級部隊之本月補助費不予發給。
8. 本辦法擬自（三十五）年十一月起實行，同時分區派員點驗，至點驗辦法，由點驗機構擬定之。

附法十七　兵站倉庫及各級部隊輜重輸送部隊整理補充辦法

（一）查過去後勤幹部，大部非本兵科出身，乏軍事常識，以致後方補給勤務不能與前方作戰相配合，兵站倉庫人員聯勤總部應速作適當調整，一律選用對作戰有經驗之編餘軍官，於輜校設班予以短期後勤技術上之訓練，然後分發任用。

（二）各級部隊之輜重輸送部隊，非本兵科出身者，應即調服本兵科職務，迅派輜科人員前往充任，在輜科員生未能派遣以前，各軍應遴選編餘軍官，或由各軍官隊考選軍官，先辦一輜重短期訓練班，分批調集訓練，授予輜重兵必具之學術技能，以奠定輜重教育之基礎。

（三）查兵站倉庫，士兵無教育設施，士兵無教育機會，應由各兵站自行設班訓練之。

（四）各級部隊之輜重輸送部隊缺額，凡係人力編成者，務於本年底以前以補充兵一次撥補足額，並得酌情於所屬機關部隊中抽撥補充之，爾後遇有空額，並應盡先撥補，不得有空，其餘獸力車輛編成者，所缺之騾馬車輛，著聯勤總部限期統籌撥補足額，倘預料於三個月內無法撥補時，則按比例以人力代替編成之，並由聯勤總部逕行電知各軍師辦理。

（五）所缺鞍具由聯勤總部迅予撥補，倘一時無法撥補時，則著由各軍師旅按實際需要，依經理手續就近自行製用，以期迅赴事功，並限於十一月底以前製就應用。

（六）嚴禁插補名額於輜重輸送部隊，一經查出，即作吃空額論處，各級指揮官應為監督之。

（七）各級指揮官對其所屬之輜重輸送部隊，應負充實兵員及嚴格督訓之責，輜重輸送部隊長遇有逃亡不報，或直轄主官遇缺不予撥補，均應嚴重處分，並定輜重部隊整理成績列為本年度考核重要項目之一。

（八）對輜重輸送部隊之運用，務須適當，平時除擔任必需軍品之輸送外，不得隨便調派其他使用及服雜差勤務，俾便實施訓練，以利戰時輸送任務之遂行。

（九）補給輸送之實施，爾後務按規定辦理，倘因輸送不靈，而不能達成任務時，由各該部隊長負責。

（十）各級部隊長務將其所屬輜重輸送部隊，於本年底以前整理完畢，並將整理情形區分人員、騾馬、車輛、編制數及現有數與整理經過概要（須說明未整理前概況並將幹部出身填入），以軍師為單位列表報部。

第三節　交通通信

第一款　復員交通

抗戰勝利後，為使國軍迅速進入並確實控制收復地區，乃由前軍令部擬定交通緊急設施計劃如附圖二、三（係圖），期於三個月內將各接近收復區之主要公鐵路搶修及水道清掃完成，於三十四年八月十五日承辦主席命令，飭交通部完成，惟彼時以公文輾轉費時，經費請領手續過繁，人員器材之準備不及，雖經各級實施機關竭盡所能，而少數路線迄今尚未能搶修通車，對於軍運及復員運輸，不無影響，茲將公鐵路及水道清掃路線分別如次：

一、鐵路搶修：

隴海路之潼關至洛陽段，及粵漢路衡陽至源潭段，另改善，平漢路之鄭州至信陽段，均如期完成。

二、公路搶修

第一期五原至包頭段、潼關洛陽段、宜川大寧段、石花街老河口段、耒陽吉安段、吉安興國段、八步曲江段、郴縣泉昌段、邕寧欽縣段、宣城績溪段均先後如期搶修完成，第二期搶修者計五原澄口段、西坪鎮南陽段、樊城江陵段、麥家河寧鄉段、長沙南昌段、南昌續溪段、寧邕新州段、南昌吉安段、雲都南雄段、新川博愛段、建陽閩侯段、竹篙塘邵陽段等路線。

三、水道清掃

抗戰期間凡第一線之通輪河流，敵我均佈雷封鎖，不能通航，勝利後即飭由交通部及海軍總司令部負責積極掃雷，經恢復航行者，計長江（三斗坪——宜昌段）、湘江、資江、沅江、漢水、洞庭湖、鄱陽湖、贛江、珠江諸幹流。

第二款　綏靖作戰交通

抗戰期間淪陷區之交通幹線，均經日寇逐次修復，勝利結束時，華北各區鐵路幹線，均尚能通車，惟值國軍前往接收之際，共匪即多方阻擾，並對各交通線路開始破壞，致復員工作因之遲滯，陷國家於混亂局勢中，各區綏靖，亦倍加困難，為使國軍作戰容易，及運輸補給圓滑，根據各綏靖（行轅或戰區）作戰計劃，擬訂交通整備計劃，於本年四月一日開始實施，各鐵路公路之搶修準備，均能與作戰計劃相配合，適時完成，惟搶修工程，因共軍不遵守停戰協定，阻擾與破壞，並未因停戰協定而停止，加以各線路之護路不嚴，致收復之線路，又加破壞，原準備之材料有限，故華北鐵道材料，異常困難，尤以橋樑材料無法補充，多數橋樑僅暫以便橋便道搶修通車，以致運輸能力薄弱，且主要幹線亦只能以分期搶修辦法實施，各綏靖區公路之搶修工程進展較速，但以工價過高，工款有限，物力又極困難，故工程標準甚低，冬季尚可維持通車，夏季若遇山洪暴發，各搶修通車公路，必將因之受阻，今後仍應積極籌備，加強綏靖，交通搶修路線，如附計五、六，共軍破壞各鐵路及修復里程統計如附表十五。

第三款　通信設施計劃

一、方針

為使國軍綏靖通信敏活計，應以有線電通信為主，無線電通信為輔，對隔絕區域，依狀況得以無線電通信為主，其他輔助通信為輔，構成嚴密之通信網，置通信設施重點於徐州綏署方面，限八月底以前完成通信設施，及器材補給修理諸準備。

二、指導要領

以南京為通信中樞，以徐州、鄭州、濟南、北平、天津、瀋陽、漢口、西安等八處為基點，盡量利用國營省營諸通信設備，以行連絡，依需要由各綏署（行轅）對所轄通信部隊，及各該轄區內國省營通信機構，加強管制與適時調整，使能發揮軍訊之最大效能，並於八月底以前完成下列各線之搶修準備：（一）蘇北，（二）膠濟線，（三）隴海線東段，（四）同蒲線南段，（五）錦州經承德至古北口線，（六）津浦線。此外陸空聯絡，以無線電為主，以 CCBP-8 陸空布板信號為輔，於瀋陽、北平、徐州、濟南、鄭州、西安、歸綏、太原、無錫等九處各設陸空聯絡組一組。

第四款　通信線路修護概況

蘇北鐵路，於九月起開始設施，靖江至南通線、南通至東台線、揚州至寶應線，先後於十二月以前完成，配合該區綏靖作戰，惟靖江至南通線因殘匪未肅清，時阻時通，膠濟線於十二月中旬完成，同蒲路南段年底前通至臨汾，錦承古線同時修通，均配合各該區綏靖作戰。至隴海東段及津浦線，因匪軍尚未驅逐，無法搶修，另北平至張家口線於十二月前修通。東北區內凡綏靖收復地區之各主要線路，如榆關至瀋陽線、承德至瀋陽線、瀋陽至營口線、瀋陽至安東線、瀋陽至四平街及長春線、長春至永古線，均於本年度修通，適時配合該區綏靖事宜。再全國有線電幹線，已通令沿線駐軍切實負責維護，如遇破壞時，即協助通信機關迅行修復，故綏靖區之線路，雖遭匪軍不斷破壞，然隨破隨修，通信甚少中斷，至各陸空聯絡組，均能配合各時期之綏靖作戰。

第五款　通信器材之配發與儲備

通信器材之核發，本部曾決定原則，以作戰任務之重要與否而定，並顧及國家財力及器材來源，以配賦數百分之八十為標準，交聯勤總部實施，另於銅、鄭、平、津四地由交通部屯備必要線料，以便隨軍事進展搶修津浦、平漢兩北段之線路。

附圖二　交通緊急設施計劃要圖

三十四年八月十五日
第二科調製

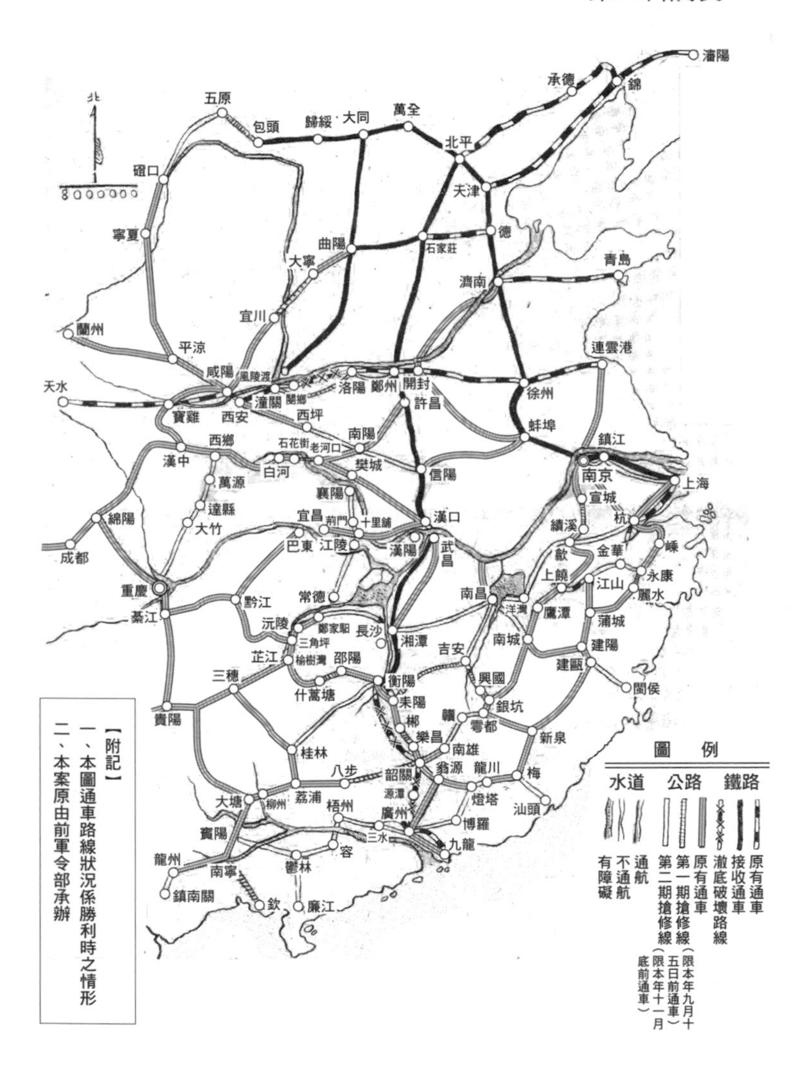

附圖三　交通緊急設施近況要圖

三十五年十二月十九日
第二科調製

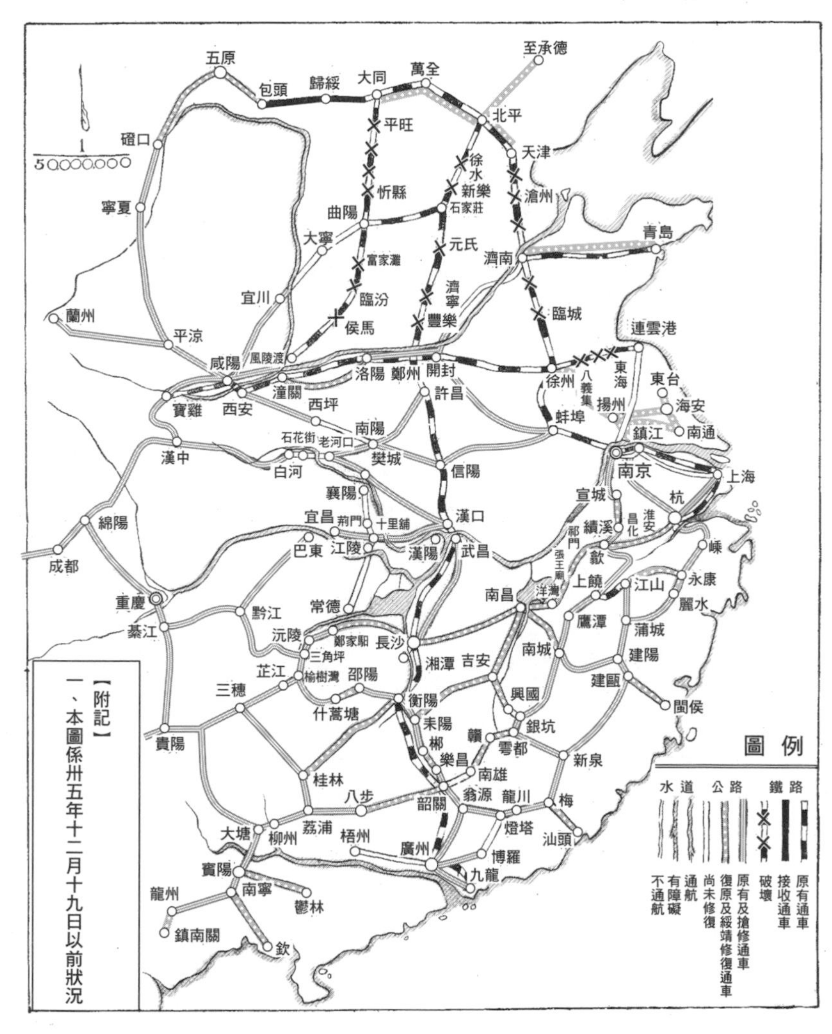

附計五　綏靖交通公路搶修路線計劃實施進度表

	蘇北區	華北區	鄭州綏區	晉南及陝北區	甘新區
1	徐州經淮陰至揚州（全線通車）	北平至開封（僅北平至琉璃河通車）	考城經曹縣至歸德（全線通車）	霍縣經憂縣至風陵（僅趙縣至風陵渡通車）	架楨至酒泉（全線通車）
2	贛榆經鹽城、東台至南通（僅南通至東台通車）	青島至濟南（全線通車）	荷澤至曹縣（全線通車）	萬縣經臨晉至永濟（全線通車）	公婆泉至橋灣（全線通車）
3	徐州至沛縣（全線通車）	北平至承德（勉可通車）	定陶經單縣至碭山（全線通車）	安邑至茅津渡（全線通車）	明水至馬連井（全線通車）
4	徐州至碭山（全線通車）	北平經萬全至大同（勉可通車）	金鄉經豐縣至黃口（全線通車）	侯馬、晉城至博愛（侯馬至翼城通車）	敦煌至于闐（敦煌至婼羌段）
5	徐州至永城（全線通車）	天津至濟南（天津至獨流鎮、濟南至濟陽通車）	豐縣至單縣（全線通車）	臨汾至浮山（全線通車）	婼羌至庫爾勒（全線通車）
6	徐州至趙墩（僅徐州至大許家通車）	石家莊至德州（未修復）	考城經荷澤至濟寧（全線通車）	新絳至東鎮（全線通車）	都蘭經大柴旦至婼羌（都蘭至大柴旦段）
7	徐州至臨城（全線通車）	臨沂至濟寧（未修復）	鉅野至城武（全線通車）	渭南經韓城至宜川（全線通車）	
8	臨城至棗莊（全線通車）	濟南至徐州（僅徐州至臨城通車）	濟寧至金鄉（全線通車）	三原經君宜至洛川（全線通車）	
9	柳泉至賈汪（全線通車）	臨沂至高密（未修復）			
10	台兒莊至趙墩（全線通車）	韓莊至臨沂（未修復）			
11	宿縣經沭陽至東海（僅修復十餘公里）				
12	沭陽至淮陰（僅修復三分之一）				
13	淮陰經新安鎮至陳家港（未修復）				
14	六合經天長至明光（六合至天長通車）				
15	滁縣經古城至盱眙（正修復中）				
16	揚州至六合（全線通車）				
17	揚州至海安（全線通車）				

	蘇北區	華北區	鄭州綏區	晉南及陝北區	甘新區
18	東台至秦縣 （勉可通車）				
19	仙女廟經靖江、南通至海門 （全線通車）				
20	泰興至如皋 （全線通車）				
21	如皋至石莊 （全線通車）				
22	黃橋至靖江 （全線通車）				

附記
一、計劃搶修公路，均能隨作進展適時修復通車。
二、各搶修公路工程標準均甚低，雨季行車將困難。
三、未通車公路，大部為共軍控制。
四、甘新區公路之興築，係對新綏靖之用。

附計六　綏靖交通搶修鐵路路線計劃實施進度表

區分路線	第一期		備考
	計畫搶修路段	修復通車路段	
隴海路	（一）大廟至大許家 （二）白塔埠至海州段	大廟至大許家段	大許家至白塔埠段為共軍通車
膠濟路	（一）濟南至辛店 （二）譚家坊至坊子 （三）李哥莊至城陽	各段均先後修復	辛店至譚家坊及坊子至李哥莊仍為共軍控制
津浦路	（一）唐官屯至泊頭 （二）禹城至大汶口 （三）臨城至利國驛	唐家屯至滄州	未修復段係為共控制阻止工程
錦古平古路	密雲至朝陽	朝陽至葉伯壽	
平綏路	（一）青龍橋至聚樂堡 （二）孤山至綏遠	三道營至綏遠	
平漢路	（一）高碑店至松林店 （二）漕河至保定 （三）寨西店至東長壽 （四）元氏至湯陰	（一）（二）（三）各段已修復	

區分路線	第二期		備考
	計畫搶修路段	修復通車路段	
平綏路	青龍橋至三道營	全線已修通	未修復部分以鐵路材料缺乏，工程暫停保定以無材料，工展甚緩
平古錦古路	葉伯壽至密雲	（一）石匣至密雲 （二）葉伯壽至上谷 （三）上板城至承德	
平漢北段	琉璃河至正定	（一）琉璃河至保定 （二）定縣至正定段	
同蒲北段	大同至黃寨段	（一）大同至平旺 （二）忻縣至黃寨 （三）一泉支線	
同蒲南段	（一）義棠至運城 （二）永濟至風陵渡	（一）義棠至富家灘 （二）臨汾至史村 （三）永濟至風鈴渡	
膠濟路	（一）辛店至譚家坊 （二）坊子至李哥莊	已全線修復通車	
津浦南段	濟南至利國驛	（一）濟南至黨家莊 （二）臨城至利國驛	
道清路	新鄉至焦作	已修復	
津浦北段	滄州至濟南	桑梓店至濟南	
平漢路南段	元氏至湯陰	（一）湯陰至豐樂鎮 （二）豐樂鎮至大河溝支線	

附記

一、第一期計畫搶修路線為三十五年一月十四以後至八月以前情形。
第二期搶修計畫為三十五年八月一日開始實施。

二、各路通阻破壞情形表內未能列入者，如正太路及隴海路徐汴段遭共軍不時破壞而適時修復。

三、東北鐵路破壞搶修情形未列入。

附表十五　共軍破壞各鐵路及修復里程統計表（三十五年度）

路名	破壞地段	公里	修復地段	公里	備考
隴海	潼關—洛陽	237	潼關至洛陽	237	復員交通實施
粵漢	衡陽—源潭	471	衡陽至源潭	471	
平漢	鄭州—信陽	256	鄭州至信陽	256	
膠濟	膠縣—坊子	96	膠縣至高密	25	綏靖交通卅五年一月十四日以後。（第一次停戰命令生效後）
			坊子至昨山	29	
張博支線	張店－博山	39	張店至博山	39	
津浦	徐州—臨城	76	徐州至臨城	76	
	臨城—黨家莊	237			
	桑梓店—滄縣	213			
錦古	小寺溝—承德	96	小寺溝至上谷	16	
	承德—古北口	100	承德至上板城	35	
平綏	大同—張家口	182	大同至張家口	182	
	辛莊子—懷來	58	辛莊子至懷來	58	
平古	密雲—古北口	54	密雲至石匣	30	
隴海	東海—大許家	152	寶雞至天水	155	三十五年八月以後實施
平漢	涿縣—正定	201	涿縣至保定	82	
	元氏—豐樂	82	定縣至正定	56	
豐六支線	豐樂—六河溝	20	豐樂至六河溝	20	
同蒲	平望—黃寨	318	黃寨至忻縣	60	
	義棠—運城	264	義棠至靈石	20	
			史村至臨汾	26	
			運城至水頭	27	
	永濟—風陵渡	31	永濟至風陵渡	31	
膠濟	高密—岞山	42	高密至岞山	42	三十五年八月以後實施
津浦	滄縣—桑梓店	213			
	黨家莊—臨城	237			
臨棗支線	臨城—棗莊	31	臨城至棗莊	31	
道清	新鄉—博愛	80	新鄉至焦作	搶修中	道清線係我原拆移鐵路
共計	破壞	3,786	修復	2,003	

第四節　運輸

第一款　車馬概況

甲、車輛

一、全國輜汽部隊，計輜汽團二十五個，獨立汽營十五個，按編制應配賦運輸車一三、五〇〇輛，現有一〇、六九三輛，待補二、八〇七輛。全國各軍師及特種部隊，按編制應配賦運輸車二四、二九八輛，現有一六、四三三輛，待補七、八六五輛。

二、接收車輛，計美車一七、六二五輛，日車二二、八五〇輛，共計四〇、四七五輛，惟此項車輛車種複雜，大部損壞待修，其撥配情形尚未據報。

乙、馬車

一、全國各部隊機關學校，按編制應配賦馬騾四四九、六七八匹，現有二三四、二六九匹，待補二一五、四〇九匹，接收降馬數共八七、三八五匹，早經分撥各部隊使用矣。

二、本年度購馬經費奉到三億三千萬元，據聯勤總部馬政司稱，僅勉敷購備馬騾四百匹之用。

丙、補充方針

目前車輛馬匹，極度困難，除阿爾發裝備及東北部隊，有一部超編車輛外，餘多不敷甚鉅，復限於軍費，勢難普遍同時補充，惟按照情況緩急，先儘重點部隊及特種兵充實，其他非重點部隊，則視其參戰與否而核定之。

第二款　水運

一、船舶狀況

全國目前堪用供軍運調配之船隻，除聯勤總部直屬之船舶大隊外，共一一九艘，計二一二、一八四噸，見附表十六，另海軍總部接收美方移交之登陸艇十九艘（內戰車登陸艇九艘、中型登陸艇五艘、步兵登陸艇五艘），計四三、一二〇噸。

二、運輸概況

1. 川江復員運輸：經核頒川江船舶調配及運輸辦法，電重慶及武漢行轅遵照實施，以增強運輸量，此項工作已大致完成。
2. 由粵滬北上部隊之運輸：核定由粵滬運送東北、平津、青島各地人馬武器車輛運輸計劃，隨時督導聯勤總部實施，業已次第完成，其運輸狀況如附表十七。
3. 秦葫港口存餘軍品：正分向東北、平津等地清運，並擬俟存餘軍品清運後，該港口司令部即予撤銷。

第三款　陸運

一、調配方針

(1) 公鐵路運輸，由部隊直接向當地軍運指揮部或辦公處申請運輸，並每三日由被運部隊將其運輸狀況電報本部第四廳一次。

(2) 經常運補，由各補給區調用配屬之輜重部隊擔任之。

(3) 關於大兵團之調運，則先擬訂運輸計劃，以水陸聯運配合實施之。

二、實施情形

(1) 全國各鐵路機車、空車、貨車狀況如附表十八。

(2) 於中長、平漢、東北各路區抽調敞車一千輛，改裝軍棚車，已由交通部撥專款，並分飭各路區遵辦矣。

第四款　空運

一、核運原則

查目前堪用運機有限，見附表十八。為節約使用計，必須水陸運不通地點之急要軍品或被圍部隊之補給，始採用空運，凡能採取其他方法運送者，概不利用空運為原則。

二、運輸概況

先後運補大同、聊城、臨城、永年、如皋、考城、海安、東沙群島、榆林及金鄉等地，除永年、金鄉迄未解圍，仍繼續投補外，餘均已投補至解圍時停止，且以聊城、永年、大同、臨城等處為時最久，運補量最大。

附表十六　全國各航線現有堪用輪船數量噸位暨發重量統計表

航線		艘數	噸位	總儎客量	總儎貨量
長江線	渝宜段	24	11,943	6,158	3,635
	宜漢段	18	6,438	4,892	2,980
	漢京滬段	25	57,762	24,200	30,380
	小長江段	3	1,059	1,350	300
南北洋線		39	138,105	32,135	167,349
滬甬溫閩線		10	13,077	8,000	7,540
合計		119	228,384	76,735	212,184

附記

一、表列船隻數，均係可供軍運，且目前能調動之船隻。

二、表列船隻，因大小不同，區分右列六種。

1. 五、〇〇〇噸以上者一一搜。
2. 二、五〇〇噸以上者六艘。
3. 一、〇〇〇噸以上者二四艘。
4. 五〇〇噸以上者二三艘。
5. 二五〇噸以上者一七艘。
6. 二五〇噸以下者一六艘。

附表十七　由滬粵各地調運北上各部隊人馬武器車輛輸送狀況表

十二月廿二日
第二處第六科調製

地區		廣州								
番號		53A	53A	13A	8A	25D	10ER	N1A	67D	合計
起訖地點		廣州至葫蘆島	廣州至青島	廣州至葫蘆島	廣州至青島	廣州至葫蘆島	廣州至葫蘆島	廣州至葫蘆島	廣州至葫蘆島	
應運數	人員	3,000	393	260	902	513	57	3,500	347	8,972
	馬匹	1,000	45					2,263	220	3,528
	車輛	150	2	30	106		8	38	8	342
	輜重	200		350	277	35	10	1,600	300	2,772
	火砲	12			12					24
	彈藥							2,025		2,025
已運數	人員	3,000	393	260	902	513	57	1,741	200	7,066
	馬匹	1,000	45					1,245		2,290
	車輛	150	2	30	106		8	5	8	309
	輜重	200		350	277	35	10	600	300	1,772
	火砲	12			12					24
	彈藥							2,025		2,025
待運數	人員	已清運	已清運	已清運	已清運	已清運	已清運	1,759		1,906
	馬匹							1,018	147	1,238
	車輛							33	220	33
	輜重							1,000		1,000
	火砲									
	彈藥									

地區		上海								
番號		71A	N6A	73A	92A	208D	十二戰區	重迫砲十二團	裝甲教導總隊	合計
起訖地點		上海至葫蘆島	上海至葫蘆島	上海至青島	上海至葫蘆島天津	上海至青島天津	上海至青島	上海至青島	上海至青島	
應運數	人員		324	3,000						3,324
	馬匹	1,000	384	1,200	600	360				3,544
	車輛		338				200	168	128	834
	輜重									
	火砲									
	彈藥									
已運數	人員									
	馬匹	1,000	240							1,240
	車輛		124				30	28	58	240
	輜重									
	火砲									
	彈藥									
待運數	人員	已清運	324	3,000						3,324
	馬匹		144	1,200	600	360				2,304
	車輛		214				170	140	70	594
	輜重									
	火砲									
	彈藥									

附記

一、本表係根據聯勤總部所報數字彙列。

二、待運人馬武器正陸續裝運中。

附表十八　全國現有各鐵路機車客車貨車統計表

車別／區分	現有數			
	機車	客車	貨車	合計
京滬區	142	233	2,208	2,583
平津區	569	650	6,497	7,716
津浦區	381	363	4,763	5,507
隴海區	270	496	4,251	5,017
平漢區	166	175	2,088	2,429
粵漢區	139	146	1,464	1,749
晉冀區	233	175	1,767	2,175
浙贛區	10	16	106	132
湘桂黔區	195	378	2,400	2,973
昆明區	57	77	589	723
東北區	405	435	5,315	6,155
總計	2,567	3,144	31,448	37,159

全國現有運輸機統計表－軍運

單位	現有機數			性能				每月平均運輸量（噸）
	機種	堪用	檢修	載重（公斤）	最高時速（哩）	巡航時速（哩）	續航時速（小時）	
空軍總部	C-47	38	31	2,500	224（219）	158（155）	9.2	387
	C-46	12	4	4,000	256	211	6.4	
合計		50	35					

附註
一、收美軍華東區飛機 182 架，已修妥 16 架，其餘均因機件陳舊，零件缺乏，須檢修能供使用，但目前尚不確定。
二、同一機種有數種型別。
三、表列為最大性能，現各機均使用過久，難達上列數字。
四、第二大隊二中隊所用為 C-46 運機現駐上海。
五、空運大隊各中隊所用為 C-47 運機分駐上海、南京、北平等地，擔任各線通訊班機各重點之糧彈軍品人員運送等。

全國現有運輸機統計表－民運

單位	現有機數			性能			
	機種	堪用	檢修	載重（公斤）	最高時速（哩）	巡航時速（哩）	續航時速（小時）
中國航空公司	C-47	26		2,000	224	158	9.2
	C-46	30		4,000	256	211	6.4
	DC-3	2		2,000	224	158	9.2
	C-53	3		2,000	224	158	9.2
中央航空公司	L-5	1		100（雙座機）	不詳	不詳	不詳
	UC-64	2		500（雙座機）	不詳	不詳	不詳
	C-46	12		4,000	256	211	6.4
	C-47	16		2,000	224	158	9.2
合計		92					

附註
分別配置於滬、平、港、渝、蘭、台、加、菲、哈、桂、潯、筑、蓉、昆、西昌，並綏、海、河等各線，擔任民運。

第五節　衛生

第一款　衛生機關之調整

查長江以南地區，已入平時狀態，對戰時衛生機構，已不需要，為節省軍費配合綏靖作戰起見，乃將江南衛生機關調整，分別裁併他調，計分三期實施，第一期限三十六年元月底完成，計裁併後方醫院十三個、兵站醫院兩個，另組軍醫院兩個。第二期限三十六年六月底完成，計裁撤後方醫院七個、兵站醫院一個。第三期則視綏靖工作進展情形如何而定，此外重慶衛生用具廠、合川衛生材料廠、重慶藥品種植廠、廣州第七衛生供應庫及休養院，全部均於三十五年年底撤銷，另組臨時教養院三個，以收容殘廢軍人。又核定天津臨時衛生材料廠，俟綏靖工作告一段落後，交衛生署昆明衛生材料庫接運美資完畢後裁撤。

第二款　衛生收療狀況

目前全國衛生機構，計治療單位一六〇個、收轉單位六八個，其配置標準，視各綏靖區兵力之多寡，及作戰需要而定（參戰部隊以百分之五、未參戰部隊以百分之二至百分之三入院率計算，以決定配置數量預為調配），各軍醫院之總收容量為一一二、九〇〇人，現收療傷病官兵七〇、四〇五員名（內抗戰期間收容者二一、六〇七員名，綏靖期間收容者四八、七九八員名），尚餘床位四、二九四個，故對作戰傷患之收容，尚能敷用。（本年九至十二月份收療人數統計如附表十九）

第三款　改善傷患官兵待遇

查各級衛生機構，組織設備多不健全，致各綏靖區官兵，不但不能及時救治，入院後反而增加痛苦，直接間接對戰力及士氣影響極大，本部有鑒及此，為謀澈底改善傷患官兵之待遇，及整頓衛生機構，特於九月間派遣高級人各前往各地視察，俾策進衛生設施之改善，庶能切合軍事需求，嗣經根據視察所得提供改進要點十一項，飭令聯勤總部及各補給區澈底改善，實施以還，大部尚能達到如期效果，對衛生業務之改進收效頗大。

第四款　衛生器材配發與儲備

本年度衛生器材補給，係由聯勤總部軍醫署按照預定計劃實施，但因來源及運輸困難，致少數未能及時補充，然一般尚能達到預定計劃，逐次補充完成，全年計配發各部隊機關藥品三八〇、四六三噸，敷料一七、八八三噸，器械九、四七四噸，尚儲備藥品四、七九八噸，敷料二〇七、三五九噸，器械一四、六六六噸，衛生器材儲備配發數量統計如附表二十。

附表十九　三十五年度下半年度各補給區醫院收療傷病人數統計表

區分		九月份	十月份	十一月份	十二月份
各補給區	醫院單位數目	160	160	160	160
	總收容數	113,700	113,400	112,900	112,900
	收療傷病人數	59,280	61,870	67,935	70,405
	剩餘床位	54,420	51,530	44,965	43,490

附記
一、本表係依據軍醫署各月份中旬表報調製，九月份以前未報有案，無從列入統計。
二、衛生大隊收轉床位未加入計算。
三、醫院單位，包括軍醫院分院、後方醫院、兵站醫院等。

表二〇　三十五年度衛生器材儲備配發數量統計表

品名 \ 數類 \ 噸位 \ 區分		藥品	敷料	器械	合計
第一補給區	儲備數	1,251.08	560.65	133.14	1,844.87
	配發數	989.82	502.35	24.30	1,516.47
第二補給區	儲備數	348.72	180.40	19.31	548.43
	配發數	294.63	156.15	6.06	456.84
第三補給區	儲備數	157.97	86.93	6.38	251.28
	配發數	100.98	60.09	3.81	164.88
第四補給區	儲備數	316.21	147.71	16.11	480.03
	配發數	245.46	108.96	8.88	363.30
第五補給區	儲備數	806.69	339.12	25.50	1,171.31
	配發數	665.91	298.26	18.54	982.71
第六補給區	儲備數	714.84	296.64	16.82	1,001.30
	配發數	595.92	237.33	13.35	846.60
第七補給區	儲備數	712.61	285.58	15.84	1,014.03
	配發數	564.66	246.66	13.11	824.43
第八補給區	儲備數	368.55	157.40	6.10	532.05
	配發數	320.88	144.57	4.80	470.25
台灣區	儲備數	121.81	46.16	7.46	175.43
	配發數	26.37	14.46	1.89	42.72
共計	儲備數	4,798.48	2,073.59	146.66	7,028.73
	配發數	3,804.63	1,768.83	94.74	5,668.20

附記
（一）儲備數，係庫存實際可用數量。
（二）配發數，係實際補給之數量。
（三）本表係依據軍醫署呈報而調製。

第六節　裝備配賦

第一款　裝備之調整與裝配

一、調整

國軍裝備種類不一，配賦補充諸多困難，為加強國軍戰鬥力起見，則裝備制式化之統一，亟待推行，經召集有關單位開會研討，擬據辦法，付諸實施中，內中武器調整，經決定辦法五項，（一）

日械一律逐步改為國械。（二）不堪使用者收繳換發。（三）不一致者互相調換。（四）計劃補充各項待補數量。（五）修理損壞武器。此外美械以來源困難，亦逐步調整為國械中。

二、裝配

1. 要塞裝配：我國既設要塞，除工程方面，不能適應現代兵器之抗力外，火砲裝配尤為陳腐，故一面調整其現有狀況，一面籌劃調整加強，本年底已完成調查工作。
2. 工兵器材及探照燈之配發：工兵器材，如土木工器具、爆破器材、活動鐵絲網等，按各綏區部隊，有作戰任務者，先予充實，小型探照燈，除將原接收數完好者，盡量配發第一線部隊外，並另向美方定購及在滬定製裝配修理，以備補充。
3. 快速部隊及裝甲部隊之裝備：經派員實地視察後，曾提供改進意見，及具體裝配計劃逐步實施中。

第二款　被服裝具之籌補

一、基本冬服配賦

本年度陸軍基本冬服，官兵每人共有十種，計棉衣褲、軍帽、綁腿、白襯衣褲、棉背心、軍氈（或棉被）、面巾鞋襪等各一份，儘先發給戰列部隊及傷患官兵，其早寒地帶，則提前運撥，餘則統於十一月一日起一律換季。

二、特種防寒服裝配賦

所有在寒帶國軍，除發基本冬服外，並配發防寒服裝，計長春、赤峰、多倫之線（含）以北加給皮大衣、皮帽、皮毛手套、風鏡、皮背心、皮套褲、毛皮鞋、毛襪、毛線衣褲等十種，長城以北長春、赤峰、多倫之線以南，則加給六種，新疆、甘肅、河西等處則加給八種，此種防寒服裝各單位原有有，本年應繼續使用，其不敷數量以新製品按實配足。

三、夏服配賦

卅六年度夏服，經決定配賦原則與製作標準，飭聯勤總部照辦，十月下旬各被服廠，已先後動工製作中。

四、被服裝具之改進

我國幅員遼闊，各地氣候溫度相差甚大，又各兵種之性能各異，故為顧慮部隊戰力，切合實際需要計，應因地制宜，按照緯度區分若干區域訂定地區，被服改進計劃，此項計劃已與有關部份研討辦理中，一俟國家財力物力許可，即可付諸施行。

第七節　設置

第一款　營房庫之整建

一、營房整建

我國原建營房分佈各地，向歸各地方政府管理，且對其位置容量從無統計，為明瞭各地營房狀況，作今後國防軍營房之配備，經承辦部令，通飭各地部隊機關查報，截至十二月底止，已大致完成調查工作，並經擬具整建計劃，及營產保管辦法，交聯勤總部辦理中。又本部所屬各單位，因營房分散，不能集中辦公，為增進效率起見，已飭聯勤部以國防本部為核心，擬具遷建房舍五年計劃，但目前因國家財力困難，僅先就各單位原有營房稍加修繕應用。

二、倉庫整建

聯勤總部所屬現有各種倉庫，如附表。此外各地接收敵偽及美方移交倉庫，待物資清運後，或予撤銷，或予歸併，仍陸續調整中，所有倉庫房舍，除利用原有者加以修繕外，預定明（卅六）年籌建規模較大之混合倉庫八所。

第二款　海空軍基地之設置

一、海軍基地設置

全國海軍戰略戰術基地暨造船廠所概況，如附表二一，所有軍用港灣之調整，及造船廠所之整建，經分別策劃，交由海軍總部擬具詳細計劃實施中。

二、空軍基地設置

關於全國空軍基地之調整，經決定設立主要基地十六個、甲種站十二個、乙種站廿四個，保留機場二百九十個、廢置機場一百十六個，至廢棄機場之處置辦法，正由空軍總部召集有關部門研討擬辦中。

第三款　要塞工事

經奉准成立之要塞共十處，計海岸要塞為基隆、高雄、馬公、海南島、吳淞口、廈門、虎門等八處。江防要塞為江陰、江寧二處。在籌設中者，有武漢、連雲港、錦州、山海關、大沽等五處，所有要塞工事，因在抗戰中多被破壞，或以年久失修，又其工程上所用材料及圖案設計，已不能適應現代兵器之抗力，故應先調查其既設工事狀況，然後策定加強興建計劃，分期實施。

第四款　汽車修理廠之調整

全國現有軍用各級汽車修理廠，計五一個，其概況如附表二二，該各級廠之調整與改善，由聯勤總部統籌辦理。

附表　聯勤總部所屬倉庫數目統計表

區分／數量／類別	補給庫	供應庫	分庫	合計
糧秣	27	218		245
軍械	19	111		130
被服	11	25		36
衛生材料	9	16		25
交通通訊器材	24	23		47
混合			3	3
總計	90	393	3	486

附表二一 全國海軍戰略戰術基地暨造船場所概況表

一、戰略基地			
1. 青島	2. 舟山	3. 台澎	4. 海南島
二、戰術基地			
1. 大東溝	2. 營口	3. 葫蘆島	4. 秦皇島
5. 大沽	6. 長山島	7. 芝罘	8. 威海衛
9. 連雲港	10. 吳淞	11. 象山	12. 溫州
13. 三都澳	14. 馬尾	15. 廈門	16. 汕頭
17. 基隆	18. 馬公	19. 高雄	20. 黃浦
21. 電白	22. 廣州灣	23. 北海	24. 海口
25. 三亞	26. 西沙群島	27. 南沙群島	
三、造船所			
1. 江南造船所	每年可造萬噸以上之運輸艦五艘，或八千噸級巡洋艦四艘。		
2. 青島造船所	每年可造三千噸級之運輸艦五艘。		
3. 馬公造船所	每年可造五百噸級之運輸船六艘。		
4. 馬尾造船所	在保管中。		
5. 大沽造船所	在整理中。		
6. 黃浦造船所	上列八廠，只能承辦修繕各艦艘工程。		
7. 廈門造船所			
8. 榆林造船所			
9. 左營工廠			
10. 上海工廠			
11. 浦口工廠			
12. 漢口工廠			
13. 湖口工廠			

附記
一、造船工程不能按月計算，其生產量故以年計。
二、各戰略戰術基地之建設概況現調查中。

表二二　全國現有軍用汽車修理及配件製造廠概況表

三十五年十二月
四廳三處九科代製

省別	位置	廠別	廠數	省別	位置	廠別	廠數
吉林	長春	乙	一	遼寧	瀋陽	特	二
河北	北平	甲	一			甲	一
	石家莊	乙	一	綏遠	歸綏	乙	一
甘肅	蘭州	乙	一	新疆	迪化	乙	一
	安西	乙	一	山西	太原	乙	一
陝西	西安	甲	一	山東	濟南	乙	一
	寶雞	乙	一		青島	乙	一
江蘇	上海	特	一	安徽	蕪湖	乙	一
		乙	二	河南	鄭州	甲	一
	無錫	乙	一	浙江	杭州	乙	一
	浦口	乙	一	湖北	漢口	甲	一
	南京	甲	一		武昌	乙	一
		乙	一		恩施	乙	一
		丙	一	江西	南昌	甲	一
	徐州	甲	一		上饒	乙	一
四川	重慶	甲	一	湖南	長沙	乙	一
		乙	一		芷江	乙	一
	成都	乙	一	貴州	貴陽	甲	一
	綦江	特	一			乙	一
	瀘州	乙	一	廣西	柳州	乙	一
雲南	昆明	甲	二	廣東	廣州	甲	一
		乙	一	台灣	台北	甲	一
	霑益	乙	二		台南	乙	一
小計		特	四	海南島	海口市	乙	一
		甲	一四	總計			五一
		乙	三二				
		丙	一				

附記
說明：
一、特級廠編制
　官佐　一二二
　士兵　九一
　技工徒　五三〇
　警衛兵　九七
　主在製造汽車配件（除引擎外均可配製），必要時，不可修理製配小型汽車零件。

二、甲級廠編制
　官佐　　二〇一
　士兵　　二二八
　技工徒　七六二
　並配賦　載重車　一五
　　　　　乘　車　　一
　　　　　指揮車　　一
　　　　　三輪車　　二
　主在修理汽車，如材料充足，每月大小修能力約 500 至 5,000 輛，必要時亦可製配小型汽車零件。
三、乙級廠編制
　官佐　　　四〇
　士兵　　　二六
　技工徒　三六六
　並配賦乘　車　　一
　　　　載重車　一〇
　　　　指揮車　　一
　　　　三輪車　　二
　主在修理汽車，每月可大修 100 至 500 輛。
四、丙級廠編制
　官佐　一一
　士兵　二二
　工匠　五四
　並配賦載重車　二
　　　　指揮車　一
　主在修理汽車，如材料充足，每月大小修能力約 50 至 100 輛。

第八節　徵儲

第一款　徵購

武器器材之購買，係按陸軍九十個師與戰車部隊之車輛，海軍第一期第一年建設計劃所需裝備數，及空軍高射砲照測器材等項，業經造編預算表送徵購司，俟徵購委員會商討決定後，即可呈行政院，向美方購買，此外如日式戰車之修理機件，與東北、西北部隊所需之自動武器防凍劑等，亦均分別收購應用，至其他軍需物資，以盡可能力求自力供給。

第二款　生產與儲備

一、生產

我國工業落後，生產量固屬有限，而品質亦遠不及舶來品，尤以重工業更不能與列強同日而語，不過粗具雛形，亟應改善充實，以配合現代國防需要，故一面調查全國軍需資源，並研究其利用方法，一面調整加強軍需工廠，以求增加生產量，查全國各兵工廠，除步兵重兵器，亦能少量生產外，計月產量步騎槍為五、〇〇〇枝，輕重機槍三〇〇挺，步機彈七、〇〇〇、〇〇〇粒，手榴彈二三〇、〇〇〇顆，其他軍需品亦正分別講求改善增加生產中。

二、儲備

所有軍需物資，除裝配補給國軍外，餘則按綏靖作戰，或國防需要，分別屯儲，並限制消耗及頒行保管辦法，以重物資而保軍實。

第六章　第五廳

第一節　陸軍部隊之整編

第一款　陸軍軍師之整編（附表二三）

查軍師整編，原係預定將全國八十九個軍二百四十二個師（內共軍三個師），縮編為三十六個軍一百另八個師（內共軍六個軍十八個師），按照預定進度，分三期實施，第一期將二十七個軍六十七個師，整編為二十七個師六十七個旅，共裁減六十四個團，編餘官兵二十萬二百餘人，於四月底全部完竣。第二期將二十八個軍七十六個師，整編為二十八個師七十六個旅，並另裁減四個軍七個師，於七月間完成。第三期應整編之軍師，因時局關係，經奉准暫緩實施，綜計本年度共有五十五個軍整編成師，一四三個師整編成旅，裁減四個軍七個師，未整編部隊，尚有三十個軍八十九個師。

第二款　特種部隊之整編

（一）騎兵部隊

計原有二個軍、十三個師、一個旅、二個團，已整編者計八個旅、一個團（由原師旅縮編），未整編者，尚有一個軍、三個師、一個旅、一個團，裁撤番號者，計一個軍、二個師、一個團。

（二）砲兵部隊

計原有十八個團，已整編十二個團，裁撤六個團。

（三）工兵部隊

計原有二十四個團，已整編十八個團，裁撤六個團。

（四）通信部隊

計原有八個團，十一個獨立營，已整編八個團、九個獨立營，裁撤二個獨立營。

（五）裝甲兵部隊

計原有四個戰車團，已整編為三個戰車團，裁撤一個團，又裝甲兵教導總隊編制亦經修訂頒行，定三十六年一月起實施。

第三款　憲兵部隊之整編

憲兵部隊，核定全國憲兵部隊部署概要，計長江以北十五個團，長江以南八個團，西北各省市三個團，並飭憲兵司令部妥擬配置計劃實施。

第四款　青年軍之整編

（一）青年軍原有三個軍九個師，於八月份將三個軍部裁撤，並將九個師按照三十五年度編制整編為六個師，計撤銷三個師。

（二）青年軍復員管理處，改為預備幹部管訓處，並釐訂其組織職掌。

第五款　自新部隊之整編

日寇投降後，各地偽軍，綜計五十餘單位，六十餘萬人，經逐次撥補遣散，至上年（卅四）底減至二十二萬餘人，本（卅五）年上半年度復分期編併，至六月底止，共有縱隊四、獨立總隊十，僅餘十三萬五千餘人。東北保安長官部，於推進期間，收編自新部隊八萬餘人，合共官兵二十一萬餘人，旋復將東北自新軍，一律改編為東北各省保安團，多餘者撥補國軍缺額（尚未完成），截至年底，此項部隊，尚餘十萬餘人。

第六款　挺進部隊之整編

抗戰結束後，原有挺進部隊七十餘萬人，除原係地方武力，分別歸還地方，編為保安團隊外，大部撥補國軍，其情況特殊者，改編為補充團，截至本年六月底止，計有補充兵總隊一、補充團二十二，約官兵六萬二千餘人，嗣復裁撤補充團五，尚有六個補充團，正計劃撥補中，其餘當視情況許可，仍隨時撥補國軍，撤銷番號。

第七款　高級指揮機構之整編

（一）行轅綏署

自抗戰勝利後，本年度將全國各地行營綏署統籌調整設置，除裁撤者外，計設東北、西北、北平、武漢、重慶、廣州等六個行營，及徐州、鄭州、衢州、川康與川黔湘鄂邊區等五個綏署，八月間，因軍委會已裁撤，將各地行營一律改為主席行轅，十二月復將各行轅綏署組織規程及編制，按照國防部組織精神酌予緊縮，全部修正，俾資統一，並定於三十六年一月起實施。

（二）戰區長官部

計原有十二個戰區，本年度先後裁撤八個戰區長官部，現尚保留四個戰區長官部，一俟情況許可，即行全部撤銷，俾符平時體制。

（三）集團軍總部

計原有三十八個集團軍，經分別裁撤及改編為整編軍軍部，已撤銷者計二十四個，已改編為軍者計七個，現尚保留者七個，此項保留之集團軍，亦正擬繼續改編為軍部，及撤銷番號中。

（四）警備及衛戍總部

查各地警備司令部，本年五月間，曾作第三次調整，計裁撤八個警備部，八月間復將淞滬、武漢警備總部，改為警備司令部，重慶衛戍總部則予裁撤，截至本年底止，計全國現有衛戍司令部一、警備總部四、警備司令部十九。

第八款　要塞之整建

我國原有要塞，在抗戰期間，多被敵寇破壞或佔據。勝利後亟應重加整建，根據國家財力及要塞之價值，先將原有及由敵方接收之要塞，加入整建計，已成立者共十個要塞司令部，正計劃興建者，設有五個籌備處，惟各要塞司令部所屬部隊，原預定由裁編之正規部隊擇優撥補，祠因綏靖工作未竣，此項撥補部隊不克如期充實，因之要塞建設，尚須時間，方克完成。

第九款　復員官佐之安置

截至本年八月份止，已收訓軍官佐屬十八萬餘人，成立軍官總隊二十九個、直屬軍官大隊三個，除選留、儲備及優秀軍官，並由中訓團實施轉業訓練外，為加速復員計，復令各省省訓團，分別擔任復員軍官一至二千人之訓練，計有十個省，分別交接，至十一月份，各軍官總隊隊員，轉撥退役調撥離隊者日多，已飭令於（36）元月十五日編併十四個總隊、兩個直屬大隊，全部結束日期當在二、三月間。

附表二三　全國陸軍各部隊整編實施概況表

卅五年十二月

國防部五廳一處調製

（甲）步兵部隊

北平行轅原有部隊				現有部隊								裁撤部隊
				已整編				未整編				
3A	7D	32D						3A	7D	32D		
16A	22D	94D	109D					16A	22D	94D	109D	
22A	86D	N11B						22A	86D	N11B		
35A	101D	N31D	N32D					35A	101D	N31D	N32D	
53A	116D	130D						53A	116D	130D		
62A	95D	151D	157D	62D	95B	151B	157B					
92A	21D	56D	142D					92A	21D	56D	142D	
94A	5D	43D	121D					94A	5D	43D	121D	
T3A	T10D	T11D	T17D					T3A	T10D	T11D	T17D	
67A	N2B								N2B			67A

重慶行轅原有部隊				現有部隊						裁撤部隊	
				已整編				未整編			
2A	9D	76D	R2D	9D	9B	76B	R2B				
6A	201D	202D	203D					202D	203D	6A	201D
9A	204D	205D	206D					205D	206D	9A	204D
24A	136D	137D		24D	136B	137B					
56A	163D	164D	N17D	56D	163B	164B	N17B				
79A	98D	194D	T2D	79D	98B	194B	T2B				
95A	126D	N9D		39D	126B	N9B					
	93D				93B						
	T24D										T24D
	N25D										N25D

西北行轅原有部隊				現有部隊						
				已整編			未整編			
11A	168D	T9D		18D	168B	T9B				
42A	128D	R7D					42A	128D	R7D	
81A	35D	T60D		81D	35B	T60B				
82A	100D			82D	100B					
91A	191D	N4D					91A	191D	N4D	
N2A	N45D	N46D	N85D				N2A	N45D	N46D	N85D

武漢行轅原有部隊				現有部隊			
				已整編			
14A	10D	83D	85D	10D	10B	83B	85B
20A	133D	134D		20D	133B	134B	
63A	152D	153D	186D	63D	152B	153B	186B
66A	13D	185D	199D	66D	13B	185B	199B
72A	34D	N13D	N15D	72D	34B	N13B	N15B

東北行轅原有部隊				現有部隊			
				未整編			
13A	4D	54D	89D	13A	4D	54D	89D
52A	2D	25D	195D	52A	2D	25D	195D
60A	182D	184D	T21D	60A	182D	184D	T21D
71A	87D	88D	91D	71A	87D	88D	91D
93A	T18D	T20D	T22D	93A	T18D	T20D	T22D
N1A	50D	N30D	N38D	N1A	50D	N30D	N38D
N6A	14D	N22D	207D	N6A	14D	N22D	207D

鄭州綏署原有部隊				現有部隊			
				已整編			
1A	1D	78D	167D	1D	1B	78B	167B
10A	3D	20D	N1D	3D	3B	20B	N1B
15A	64D	135D		15D	64B	135B	
17A	12D	48D	84D	17D	12B	48B	84B
27A	31D	47D	49D	27D	31B	47B	49B
30A	27D	30D	67D	30D	27B	30B	67B
32A	139D	141D		32D	139B	141B	
36A	28D	123D	165D	36D	28B	123B	165B
38A	17D	55D	177D	38D	17B	55B	177B
40A	39D	106D		40D	39B	106B	
41A	104D	122D	124D	41D	104B	122B	124B
47A	125D	127D		47D	125B	127B	
55A	29D	74D	181D	55D	29B	74B	181B
68A	8D	19D	143D	68D	8B	19B	143B
75A	6D	16D		75D	6B	16B	
76A	24D	144D		76D	24B	144B	
85A	23D	110D		85D	23B	110B	
90A	53D	61D		90D	53B	61B	

第二戰區原有部隊				現有部隊			
				未整編			
19A	68D	T37D	T40D	19A	68D	T37D	T40D
33A	71D	T38D	T46D	33A	71D	T38D	T46D
34A	73D	T44D	T45D	34A	73D	T44D	T45D
43A	30D	T39D	T49D	43A	30D	T39D	T49D
61A	66D	69D	72D	61A	66D	69D	72D

廣州行轅原有部隊				現有部隊			
				已整編			
64A	131D	156D	159D	64D	131B	156B	159B

徐州綏署原有部隊				現有部隊								裁撤部隊
				已整編				未整編				
5A	45D	96D	200D					5A	45D	96D	200D	
7A	171D	172D						7A	171D	172D		
8A	103D	166D	G1D					8A	103D	166D	G1D	
12A	111D	112D	N36D					12A	111D	112D	N36D	
18A	11D	18D	118D	11D	11B	18B	118B					
21A	145D	146D	N7D	21D	145B	146B						N7D
25A	40D	108D	148D	25D	40B	108B	148B					
26A	41D	44D	169D	26D	41B	44B	169B					
28A	52D	80D	192D	28D	52B	80B	192B					
46A	175D	188D	N19D	46D	175B	188B	N19B					
48A	138D	174D	176D	48D	138B	174B	176B					
49A	26D	79D	105D	49D	26B	79B	105B					
51A	113D	114D		51D	113B	114B						
54A	8D	36D	198D					54A	8D	36D	198D	
58A	183D	N10D	N11D	58D	183B	N10B	N11B					
59A	38D	180D		59D	38B	180B						
65A	154D	160D	187D	65D	154B	160B	187B					
73A	15D	77D	193D					73A	15D	77D	193D	
74A	51D	57D	58D	74D	51B	57B	58B					
77A	37D	132D		77D	37B	132B						
88A	62D	N21D		88D	62B	N21B						
96A	T12D	T14D	T15D					96A	T12D	T14D	T15D	
97A	33D	82D	N29D	52D	33B	82B	N29B					
98A	117D	R3D	R4D	57D	117B	R3B	R4B					
99A	60D	92D	99D	69D	60B	92B	99B					
100A	19D	63D	R6D	83D	19B	63B						R6D
	H2D								67D			

衢州綏署原有部隊			現有部隊				裁撤部隊	
			已整編			未整編		
44A	150D	162D	44D	150B	162B			
31A	209D	208D				208D	31A	209D

首都衛戍部原有部隊				現有部隊			
				已整編			
4A	59D	90D	102D	4D	59B	90B	102B

台灣警備總部原有部隊			現有部隊		
			已整編		
70A	75D	107D	70D	139B	140B

合計原有部隊	現有部隊		裁撤部隊
	已整編	未整編	
89 個 A 239 個 D 2 個 B （中共 3 個 D 在外）	55 個 D （整編成師） 143 個 B （整編成旅）	30 個 A 89 個 D	4 個 A 7 個 D

（乙）騎兵部隊

西北行轅原有部隊				現有部隊						裁撤部隊		
				已整編			未整編					
5KA	5KD	T1KD	N8KD			8KB	5KA	5KD	T1KD			N8KD
	7KD	9KD	10KD	1KB	2KB	10KB				7KD	9KD	10KD
	12KD	N1KD	N2KD	4KB	9KB					12KD	N1KD	N2KD
	8KD	1KRS	2KRS	5KRS					1KRS	8KD		2KRS

十二戰區原有部隊			現有部隊			裁撤部隊		
			已整編		未整編			
東北挺進軍	N5KD	N6KD	5KB	11KB		東北挺進軍	N5KD	N6KD
	N4KD				N4KD			
	T1KB				T1KB			

合計 原有部隊	現有部隊		裁撤部隊
	已整編	未整編	
2 個 A 13 個 D 1 個 B 2 個 R	8 個 B 1 個 R	1 個 A 3 個 D 1 個 B 1 個 R	1 個 A 2 個 D 1 個 R （內一個師縮編為團）

（丙）砲兵部隊

徐州綏署 原有部隊	現有部隊
	已整編
4AR	4AR
5AR	5AR
13AR	13AR
7AR	7AR

首都衛戍部 原有部隊	現有部隊
	已整編
2SMAR	16AR(SMAR)
51AR	51AR
1SMAR	1SMAR

鄭州綏署 原有部隊	現有部隊
	已整編
3SMAR	9AR(3SMAR)
10AR	10AR
11AR	11AR
12AR	12AR

西北行轅 原有部隊	裁撤部隊
2AR	2AR

東北行轅 原有部隊	現有部隊
	已整編
8AR	8AR

第二戰區 原有部隊	裁撤部隊
1BAR	1BAR

直屬部隊 原有部隊	裁撤部隊
14AR	14AR
54AR	54AR
57AR	57AR
4SMAR	4SMAR

合計原有部隊	現有部隊	裁撤部隊
	已整編	
18AR	12AR	6 個 R

（丁）工兵部隊

徐州綏署原有部隊	現有部隊
	已整編
1PR	1PR
2PR	2PR
4PR	4PR
5PR	5PR
15PR	15PR
17PR	17PR
20PR	20PR

衢州綏署原有部隊	裁撤部隊
11PR	11PR

廣州行轅原有部隊	裁撤部隊
8PR	8PR

武漢行轅原有部隊	裁撤部隊
25PR	25PR

鄭州綏署原有部隊	現有部隊	裁撤部隊
	已整編	
3PR	3PR	
6PR	6PR	
9PR	9PR	
16PR	16PR	
13PR		13PR

北平行轅原有部隊	現有部隊
	已整編
24PR	24PR

東北行轅原有部隊	現有部隊
	已整編
10PR	10PR
12PR	12PR

西北行轅原有部隊	現有部隊
	已整編
7PR	7PR
19PR	19PR

雲南警備總部原有部隊	現有部隊
	已整編
18PR	18PR

第二戰區原有部隊	現有部隊	裁撤部隊
	已整編	
21PR	21PR	
22PR		22PR
23PR		23PR

合計原有部隊	現有部隊	裁撤部隊
	已整編	
24 個 R	18 個 R	裁撤部隊 6 個 R（外 18PR 裁撤一個營、16PR 裁撤兩個營）

（戊）通信部隊

徐州綏署原有部隊				現有部隊 已整編			裁撤部隊
8NR	IINS	XNS	XIINS	8NR	IINS	XNS	XIINS

鄭州綏署原有部隊		現有部隊 已整編	裁撤部隊
4NR	VNS	4NR	VNS

衢州綏署原有部隊	現有部隊 已整編
XIXNS	XIXNS

武漢行轅原有部隊	現有部隊 已整編
3NR	3NR

重慶行轅原有部隊	現有部隊 已整編
INS	INS

廣州行轅原有部隊	現有部隊 已整編
IVNS	IVNS

北平行轅原有部隊	現有部隊 已整編
5NR	5NR

西北行轅原有部隊	現有部隊 已整編
7NR	7NR

東北行轅原有部隊		現有部隊 已整編	
6NR	XIVNS	6NR	XIVNS

聯勤總部（含各補給區）原有部隊				現有部隊 已整編			
2NR	IIINS	VIIINS	IXNS	2NR	IIINS	VIIINS	IXNS

直轄部隊原有部隊	現有部隊 已整編
1NR	1NR

合計原有部隊	現有部隊 已整編	裁撤部隊
8 個 R 11 個 NS	8 個 R 9 個 NS	2 個 NS

（己）江海防要塞部隊

東北行轅	編成單位
	已編成
錦州要塞籌備處	籌備處
山海關要塞籌備處	籌備處

北平行轅	編成單位
	已編成
大沽要塞籌備處	籌備處

徐州綏署	編成單位					
	已編成		未編成			
青島要塞	司令部	通信連	總台	守備總隊	工兵營	偵測隊
連雲港要塞籌備部	籌備處					

京滬綏靖區	編成單位						
	已編成				未編成		
吳淞要塞	司令部	直屬大台	守備總隊	通信連	總台	工兵營	偵測隊
江陰要塞	司令部	重砲營	守備大隊	通信連	總台	工兵連	偵測隊
江寧要塞	司令部	總台	通信連		守備大隊	工兵連	偵測隊

武漢行轅要塞	編成單位
	已編成
武漢要塞籌備處	籌備處

衢州綏署要塞	編成單位						
	已編成			未編成			
廈門要塞	司令部	守備大隊	通信連	第一大台	第二大台	工兵連	偵測隊

台灣警備總部	編成單位							
	已編成				未編成			
基隆要塞	司令部	第一總台	第二總台	第三總台	守備總隊	工兵營	通信連	偵測隊
馬公要塞	司令部	總台	直屬大台	通信連	守備總隊	工兵營	偵測隊	
高雄要塞	司令部	第一總台	第二總台	通信連	第三總台	守備總隊	工兵營	偵測隊

廣州行轅	編成單位									
	已編成						未編成			
虎門要塞	司令部	總守備隊					總台	工兵營	通信連	偵測隊
海南島要塞	司令部	第一總台	第二總台	直屬大台	守備總隊	通信連	工兵營	偵測隊		

合計	要塞 10 要塞籌備部 5

附記

一、聯勤總部主管各勤務團隊之整編概況未列本表內。
二、集團軍以上高級司令部及七個整編軍未列本表內。
三、中共十八集團軍之三個師未列入本表現有部隊欄內。
四、川康邊區之 IRS、靖 R 未列入表內。
五、第一表應有九十二個軍，除騎兵二個軍（5KA、東北挺軍）及晉察綏挺軍（已撤銷）外，故僅增列八 十九個軍（青年軍在內）。
六、第一表應有二百五十五個師，除騎十三師列騎兵欄，中共三個師不列外，故僅列二百三十九個師。

第二節　軍事機關學校之調整

第一款　軍事機關之調整

（一）改組中央軍事機構

中央軍事機構，為軍事指揮之總樞紐，首腦健全，方能如臂之使指，指揮靈活，運用自如，過去各軍事機關，雖有軍事委員會總其成，然仍嫌空洞渙散，不能統一事權，為使陸海空軍一元化，及決策、計劃、執行分層負責起見，將原軍委會撤銷，改組為國防部，其直屬之六廳八局三處，於七月底編組完成，各總司令部於九月底編組完成，直屬十個司，於十月間編組完成，中央軍事機構乃煥然一新。

（二）本部四個總司令部所屬之附屬單位調整

根據各總部呈請，隨時核定其編制，並視情況，分別增設裁撤，為此項機構尚須全部調查統籌調整。

第二款　軍事訓練機構之調整

軍事學校之調整，俟學制案確定後，再行決定，故本年度並無裁減。

第三節　海軍之整建

就原有艦艇及盟國贈送艦艇，第一步編組為第一、二兩個艦隊，第二步復將一、二艦隊編組為海防及江防艦隊，並將接收美國之登陸艇編組為運輸艦隊，共計現有三個艦隊，復於上海成立第一基地司令部，海軍整建，至此略具基礎。

第四節　空軍之整建

自國防部改組成立後，空軍機構，亦由前航空委員會改編為空軍總司令部，其特點在統一指揮系統，簡化機構，並謀航空事業之長足發展，本年度主要工作，計有（一）確立軍區制度，全國現成立五個軍區，分別掌管轄區空軍之作戰、情報、訓練諸事宜。（二）確定空軍供應制度，成立供應司令部，下轄供應總站、分站、勤務大隊、中隊、分隊。（三）為謀訓練機構之指導、系統一元化，設立訓練司令部。（四）為謀航空工業之發展，成立航空工業局，其他通信、氣象等機構，均正進行整編。我國空軍落後，亟待發展擴充，惟現有機構仍不免駢枝重疊，過分龐大之弊，似仍應本整軍方針，力求改革。

第五節　隊部訓練

本部成立之初，關於全國訓練之指導，仍以前軍訓部所頒訂之重點教育計劃，作為根據，為考察訓練成效，七月上旬，曾由前軍訓部王次長率領四個校閱組，分赴各戰區視察，七月中旬復由部長白代表主席赴徐州、新鄉一帶校閱各特種部隊（包括戰車、砲兵、工兵、政工、通信、後勤、參謀業務、陸空聯絡），該廳均派員參加，結果認為除少數部隊，尚待加緊訓練外，其餘漸能切合實際，並依據校閱所見，將應改進事項，分飭有關單位改進，為使海陸空軍暨聯勤部隊教育標準齊一起見，及原有各軍種教育令，有統一彙編必要，正蒐集材料，著手整理中，至於卅六年度教育訓令，亦已分飭各總司令部草擬呈核，卅六年度陸軍訓練標準及聯合訓練應注意事項，已據陸軍總部於十一月呈報經詳加修正，轉飭頒發施行。

海空軍訓練，分由海空軍兩總司令部督導，均按照既定計劃實施。

第六節　學校教育

第一款　陸軍大學校

陸軍大學，本年仍在重慶山洞原址，現在校各班期，計有正期班二十一期，將官乙級班第二期，研究院十四期、十五期等，本年度擬辦者，有正期班二十二期，特別班第八期，乙級將官班第三期，因報考人員人事調動及資歷審查困難，須俟卅六年度始可分別舉行考試。

第二款　各兵科學校

為改進各兵科學校教育，特先就步兵學校、機械化學校，籌設各該校教官訓練班，訓練期間八個月，採取美方建議之訓練方式與內容，並指派練習部隊，以供教育之用，本年度十二月底前均已成立，開始訓練，砲校並另成立要塞幹部訓練班，訓練期間六個月，以造就各要塞所需之幹部。

第三款　各業科學校

預定建立兵工、工兵、財務、經理、運輸、通信、副官、軍醫等八個勤務學校，由聯勤總部主持，先行成立聯合訓練班，訓練期間八個月，於十二月中旬開學。

第四款　陸軍軍官學校

該校仍在成都原址訓練，二十期學生於十二月二十五日畢業，二十一期學生仍在校受訓，各地原有軍官分校，除迪化第九分校外，均經裁併，現第九分校，自十月份起改為駐新軍官訓練班。

軍官學校，今年停止招生一年，明（卅六）年度是否招生，尚未核定。

第五款　空軍學校

空軍方面，現有軍官學校、參謀學校、幼年學校、入伍生總隊、防空學校、通信學校、機械學校、滑翔機訓練班等在校學員生共計五、三五八人，由空軍總部依照既定方針訓練中。

第六款　海軍學校

海軍方面，現有海軍軍官學校設上海，原設重慶之海軍學校，正向上海遷移中，到達後，即併入海軍軍官學校。又中央海軍訓練團，原設青島，由美方協助訓練，為便於利用訓練器材計，十二月已奉准將海軍學校遷往青島，集中訓練，各校受訓員生，共計三七五人，由海軍總部依照既定方針訓練中。

第七節　優秀軍官考選

為深造編餘軍官，以備國防幹部之需，原由優秀軍官考試委員會，於全國各軍官學校總隊內考選優秀軍官，總計應試者七千餘員，試卷五萬餘份，該會於七月底結束，未了業務，由該廳接收趕辦，經評閱試卷，取錄合格軍官四、二五二員，分別各官總隊按其兵科分發各兵科學校訓練，凡取錄軍官，仍在各軍官總隊者，預定卅六年二月一日召訓，其已離軍官總隊，在各部隊服務者，另定日期召集。

第八節　留學考選

第一款　留美（英）陸軍軍官考選

根據美國軍事顧問團之建議，參照建軍需要，本年度須派多數優秀軍官赴美學習，計第一屆由前軍委會軍令部、軍訓部、軍政部及銓敘廳共組考選委員會辦理留學考試，計取錄九十九員，第一批於七月底出國，另考選軍醫人員一三二員、獸醫四員，於八月間出國，嗣經美方通知，再增派十員赴美參謀學校受訓，乃由該廳接辦考選，計錄取七員，於八月底赴滬，隨第一屆第二批出國轉美。九月准美方備忘錄通知，再增派學員至美國各兵（業）科學校受訓，當經該廳舉辦第二屆留美考試，計錄取卅六員，於九月二十四日出國，同時為儲備留學人才，經呈准設立留學軍官儲備班，召集各次參加覆試落選，總成績在四十分以上，身體強健者，入班受訓。十月上旬，應美方建議，舉辦第三屆留美軍官考選，預定名額為一百二十四員，經十一月中下兩旬，嚴格考試，共錄取四十一員，送入美國各兵科學校十七員，送入美國軍士學校者二十四員，其第一、二批共二十六員，已於十二月間先後出國，其餘出國稍遲，已入留學軍官儲備班補習，可望於卅六年二月出國，與第三屆留美軍官考選同時舉行者，有留英盟軍高級參謀班，計錄取二名，亦於十二月初旬出國。

第二款　派赴法國參觀班學員考選

十二月上旬，准法國駐華武官署通知，法國國防參謀部在該國各軍事學校參觀班，為中國保留學額一名，經簽奉准於十二月十八日考取一員，定卅六年元月七日赴法入學。

第三款　空軍留學考選

空軍方面，本年度派遣一、二七〇員，已分四批出國赴美受訓，此項出國人員百分之六十五為空勤人員，百分之三十五為地勤人員。

第四款 海軍留學

海軍派赴英國留學人員一一四員，已全部返國，本年度尚有經考試合格之潛艇軍士九十八名，於十一月出國，尚未返國，赴美留學人員七九員，已返國者五四員，尚有廿五員留美實習。

第五款 軍事學制之研議

抗戰勝利以來，因世界大勢變遷，為應今後國防需要，奠定建軍基礎，原有軍事學制，有加研究改進之必要，爰參照美方制度，並廣徵各方意見，著手新軍事學制之研究與擬訂，惟茲事體大，幾經慎重研討，於十二月初始擬定軍事學制方案初稿正呈核中。

第九節 預備幹部教育

查預備軍官之管訓事宜，本部設有預備幹部管訓處負責辦理，該廳隨時予以指導，關於高中已實施軍訓者，經簽奉准實施，至三十六年底止未實施者不再增設。

第十節 軍事書籍（包括教令）之編纂與審核

為適應東北部隊訓練需要，經編擬雪地作戰部隊訓練注意事項，於十一月三十日頒發參考，又鑒於各部隊使用及機械化部隊在指揮運用上多有錯誤，經編擬機械化部隊使用常識，於十二月底完成，正呈核中。現有陸海空軍禮節多不適用，亟應修訂，經廣徵資料，於十二月四日由該廳召集各總部與有關單位代表，作初步研討，於十二月底完成初稿，正呈核中。此外針對本年度綏靖工作，擬有剿匪訓練應注意事項之訓令，分飭各部隊遵照。

第七章　第六廳

第一節　設計審查

第一款　交辦事項

（一）稀元素鑛之察勘：已與中央地質調查所洽定合作，由本部補助經費，現正分隊出發湘、桂、贛各省察勘中。

（二）日籍技術人員平尾等廿五員之審查留用：經簽准平尾一員送資委會東北金屬礦業公司予以安插，餘由經濟部鞍山鋼鐵廠收容，或遣送回國。

（三）籌設原子能研究委員會：奉准聘俞大維等十一員為委員，已分別致聘。

（四）擬購置原子試驗器一具，尚在繼續請款中。

第二款　審查事項

（一）審查台北鄭乃之發明直角方向盤及表尺瞄尺一案結果，已飭繳呈儀器再核。

（二）審查張奠原著偉大發明之一般結果，已復知無價值。

（三）審查戚克儉發明恆行動力發動機無價值。

（四）審查姚繩武發明哨兵警鈴及鐵道聽音器一件，可供參考。

第三款　設計事項

（一）簽擬第四廳所送戰後軍需工業配備計劃，正由四廳歸納簽辦中。

（二）舉行國防科學研究會報。

（三）舉行國防科學小組會報。（紀錄在整理中）

（四）擬議成立雷達研究所。

（五）擬議成立科學儀器器具製造廠。

（六）擬議成立八千 KW 發電廠。

（七）設計成立特種電信器材修理所，已開始工作。

第二節　調查統計與督導考核

第一款　技術人員之調查考核

陸海空軍軍用技術人員之調查統計，截至十二月底止，約完成百分之八十，計有二七、一八八人，包括造兵、電信、鐵道、汽車、輪船、航海、地勤、軍醫、獸醫、工程等十大類，此項數字，已於統計手冊內，詳為分列。

第二款　研究機構或個人之聯繫協助

各機關學校工廠技術人員及科學專家，因數量甚多，並須間接調查，僅完成百分之二十，至銓敘部審查合格之軍用技術人員，經已派員登記完成，其餘如本部所屬研究機構之聯繫與指導，與夫公私研究機關及個人之聯繫與協助，六廳曾以國防科學研究會報，尋取方針共謀解決。

第三款　國內外科學發明之搜集

國內外科學發明或改良之搜集，除經常訂閱科學圖書雜誌外，並已委託駐外武官搜集技術情報。

第三節　整理雷達

本年十月奉准由本廳設立特種電信器材修理所，

從事整理國內各地及台灣所接收之日軍雷達，並訓練使用及維護人員，現該所已於十一月十六日在台北成立，開始工作，南京方面，亦正在覓取所址，進行籌組中，至各地雷達情況，經已調查竣事，其數量詳附表。（附表二四、二五）

附表二四　台灣日軍移交各式雷達數量表

一、航委會接收共 126 部

<table>
<tr><td rowspan="5">陸軍用</td><td rowspan="3">陸上對空哨戒用</td><td>要地用超短波警戒機（10 部）</td></tr>
<tr><td>野戰用超短波警戒機（5 部）</td></tr>
<tr><td>移動用超短波警戒機（15 部）</td></tr>
<tr><td>陸上對空照射用</td><td>左一型超短波標定機（1 部）</td></tr>
<tr><td>飛機哨戒</td><td>四式飛一號電波警戒機一型（4 部）</td></tr>
<tr><td rowspan="10">海軍用</td><td rowspan="5">陸上對空哨戒用</td><td>二式一號電波探信儀一型改一（1 部）</td></tr>
<tr><td>二式一號電波探信儀一型改二（1 部）
（送電機改二）</td></tr>
<tr><td>二式一號電波探信儀二型（1 部）</td></tr>
<tr><td>三式一號電波探信儀一型（5 部）</td></tr>
<tr><td>二式一號電波探信儀三型（34 部）</td></tr>
<tr><td rowspan="3">陸上對空照射用</td><td>假稱四號電波探信儀二型（2 部）</td></tr>
<tr><td>假稱四號電波探信儀一型（4 部）</td></tr>
<tr><td>假稱四號電波探信儀三型（8 部）</td></tr>
<tr><td rowspan="2">飛機哨戒</td><td>三式空六號無線電信機四型改二（28 部）</td></tr>
<tr><td>假稱四式空六號無線電信機四型（7 部）</td></tr>
</table>

二、軍部接收——陸軍對空照射用左三型超短波標定機 4 部。

三、六〇軍接收——陸軍要地用超短波警戒機 2 部。

四、七〇軍接收——陸軍對潛一一號警戒機（對潛水艇哨戒）3 部、陸軍要地用超短波警戒機 3 部。

五、海軍接收共 11 部

海軍用	陸上對空哨戒	二式一號電波探信儀一型改一（1 部）
		二式一號電波探信儀一型改二（1 部）
		三式一號電波探信儀三型（7 部）
	陸上對空照射	假稱四號電波探信儀一型（1 部）
		假稱四號電波探信儀二型（1 部）

此外尚有海軍陸上對空哨戒用二式一號電波探信儀二型 1 部，接收機關未明，合計以上共接收 150 部。

附表二五　國內各地雷達數量表

數量	名稱型式	用途	接收單位及地點	備考
2	日四號電波警機	陸軍用陸上對空哨戒	聯勤總部電信廠（在南京）	此機已裝設在中華門外
2	美海軍式 SA-2	對空哨戒	海軍總部（在美國）	係裝置於各軍艦上
2	美式 BL Series	對空	海軍總部（在美國）	係裝置於各軍艦上
2	美式 VD-2P.P.I.		海軍總部（在美國）	係裝置於各軍艦上
8	美海軍式 SL-a	對水面	海軍總部（在美國）	係裝置於各軍艦上
5	日式要地用超短波警戒機	陸軍部陸上對空哨戒	國防部第六廳（在南京）	運存本廳臨時倉庫
8	美式 BN Series	對海面	海軍總部（在美國）	係裝置於各軍艦上
8	美式 ABK-7		海軍總部（在美國）	係裝置於各軍艦上
7	美海軍式 SO Series	對海面	海軍總部（本國）	係裝置於各軍艦上
9	美式 SCR-602	對空	海軍總部（昆明）	全部已運京，並已裝設一部於總部
1	日式要塞二型	對水面	空軍總部（廣州白雲山）	電力 50K.W.
3	日式野戰一型	陸地	空軍總部（廣州白雲山）	電力 50K.W. 二部完好，一部另件不全
2	日式移動式		空軍總部（廣州白雲山）	一部已在京，一部待運中
6	日式移動式		海南島（要塞司令部）	
4	日式固定用		海南島（要塞司令部）	

第八章　史料局

第一節　史事行政之奠立

本部鑒於各機關部隊學校，對於史政業務未能重視，在下者既無一定之軌範，可以遵循，在上者亦乏適當之督導與考核，故國軍一切活動之史績，不能隨時蒐集而成為一有系統之歷史，事後追溯，倍感困難，爰參照美國軍事史政制度，並依據我國實際需要，擬定國防部史政業務處理綱要，對於史政機構、業務範圍、工作規範，均有詳細之規定，呈准頒行，此項綱要為史政業務之根本法規，與一般典範令之性質無異，各機關部隊學校，均須依照此綱要，以處理史事，使我國軍事史政，樹立一健全之基礎，主要內容分述如次。

一、確立史政機構

自國防部至各下層機構，概分總掌機構、分掌機構、統屬機構、基層機構等分掌各階層之史政，俾各負專責逐層辦理，統一完成。

二、釐訂業務範圍

軍事史政概分：

1. 戰史：凡陸海空軍作戰之統帥指揮及戰鬥經過之一切史實屬之。
2. 軍事史：凡陸海空軍及聯合勤務一切有關行政與業務之計劃設施等史實屬之。
3. 國防史：凡軍事、內政、外交、經濟、交通、文化、社會，以及科學地理等有關國防之史實屬之。

三、擬定工作規範

凡一表一冊之編製方法及格式，均以附件作切實而詳盡之規定，俾於草擬各項史事時，得有所準繩。此項史政業務處理綱要及附件，經印行一萬冊，以（卅五）亥寒史處一代電頒發全國各部隊機關學校，自三十六年一月份起，一律施行。

第二節　史政法規之擬定與頒發

我國史政向無基礎可言，因之過去一切史料，均屬散漫離亂，既未有具體之記載，亦未有計劃之蒐集，實為可惜，今值草創伊始，認為史事具有持續性，一切事蹟，均有連接之因果關係，史政業務處理綱要僅為規定自卅六年以後，史事行政之準繩，實際對於以往所有珍貴而有價值之史料，不容忽視，自亦應為有計劃之蒐集與整理，始能得一貫之記載，務使我國光榮之歷史，悉臻完善，永久保存。

半年以來，關於搜集史料方面，經頒行之史政法規，約可分為下列數種：

甲、戰史類

抗日戰史為我國最光榮之戰史，自須有詳密真確之報告，始可發揚我國輝煌之戰果，故對於抗日戰史史料蒐集之辦法，至為詳盡。

1. 抗戰全史編纂大綱於十二月三十日頒發。

2. 抗戰史料蒐集整辦法於八月二日頒發。

3. 抗戰軍人回憶錄、忠勤行略徵稿實施辦法於十二月二日頒發。

4. 登報徵集抗戰史料辦法於十月十五日分登。
5. 蒐集日文戰史資料計劃於八月十四日頒發。
6. 受降工作報告大綱於八月十日頒發。
7. 戰犯處理工作報告書編造大綱於九月廿一日頒發。
8. 遣俘工作報告書編造大綱於九月二日頒發。

此外為抗戰結束後對共軍之綏靖戰史，即擬案通令沿用前軍令部所頒「戰史資料及記述」戰史資料及記述說明以蒐集之，於十二月卅一日頒訂綏靖第一年編纂大綱，分別進行辦理。

以上數種辦法，分別送達各有關單位，並限期辦理，俟各項資料搜齊後，即可整理成冊。

乙、軍事類

為保存現階段軍事史實，則以抗戰期中一般軍政史實及接收還都為主，所頒發之法規如下：

1. 抗戰期中一般軍政史實徵集辦法於十一月廿五日頒發。
2. 青年軍史實報告書編造大綱於八月廿三日頒發。
3. 接收工作報告書於九月二日頒發。
4. 復員還都工作報告書編造大綱於八月十六日頒發。
5. 部隊整編工作報告書編造大綱於九月十四日頒發。
6. 軍事漢奸處理工作報告書編造大綱於十月廿八日頒發。

丙、國防類

1. 為發揮國防文化，統一國防軍事思想，俾確立國防體系，提高國防意識起見，特擬訂國防軍事叢書徵求編訂辦法，於十月廿九日頒發。

2. 為求獲得國防概念，並明瞭一般國防設施情形，作為未來之借鑑，自卅五年起，於每年度終了，蒐集資料，編纂國防年鑑，並經訂卅五年度國防年鑑資料徵集辦法及編纂計劃，於十一月廿二日頒發。
3. 為編纂抗戰期中，我國行政之概況，供研究戰時行政設施之參考，以便促進總合戰爭科學之發展，特訂抗戰期中我國行政史實徵集辦法，於十月卅日頒發。

此外為獎勵譯述與著作起見，經擬訂譯述著作獎勵辦法，及對外刊物發表著作辦法二種，呈奉核准實施。

綜上各種法規，僅為補救及臨時之措置，其有未盡之辦法，亦將繼續增訂，自卅六年以後，史政業務，均依據史政業務處理綱要辦理，如能各級按照實行，則以後之史事，當可漸臻完備。

第三節　戰史之編纂

戰史為戰爭之寫真，可供研究兩方戰爭之得失，與成敗之關鍵，藉以探求戰略戰術之真理而求改進，且戰史為犧牲億萬人之生命，及無量數之金錢所寫成，如吾人仍犯同一錯誤，而遭受同樣失敗，即為吾人不能接受歷史之教訓，亦即未能熟讀戰史，有以致之，在此次世界大戰中，武器革新，戰略戰術之變化諸多進步，為求獲得精確之檢討，並為研究未來戰爭之資料計，故對此次戰爭之戰史，亟須有一翔實之記載。

第一款　抗戰史

一、中日戰史總目錄，經核定後，令飭戰史編纂委員會辦理，該局盡其可能予以協助，並供給資料及指導編纂方法，期於卅六年底完成初稿。

二、抗戰全史，擬訂編纂大綱，計分五大部門，經簽核由國府文官處、行政院祕書處及該局共同編纂，期於卅六年底完成初稿。

三、抗戰簡史，敘述自蘆溝橋事變起，歷次會戰、重要戰役，及協同盟軍作戰之史實，以時為經，以事為緯，已於年底完成初稿，呈核請印中。

四、八年抗戰經過概要及附圖，召集有關單位，供給材料，經一個半月之編纂，始裝印完畢，於國民大會閉幕之翌日，招待國大代表時，作為書面報告，分送各代表。

五、抗戰八年來經驗教訓摘編稿，係前軍令部未完成之工作，由該局繼續辦理，經數次之修正，已於九月底全部整理完畢，奉批移三廳辦理。

六、世界戰爭研究會之歷次會議紀錄，奉次長劉指示，審核彙編，已辦理完畢，簽准付印。

第二款　綏靖史

一、綏靖概要，依本部史料行政，係規定各單位自行編報，而由史料局彙編為原則，惟因各部隊多不能依限呈報，現僅完成淄博戰役及四平街戰役，餘亦完成經驗檢討。

二、函請本部第二、第三廳、新聞局、民事局、兵役局等各有關單位，將重要綏靖情報、戰地行政及重要戰役，彙編送局，現就蒐集者加以整理，並分別辦理調製全國綏靖圖說。

三、北伐與剿匪戰史，為本黨人士出生入死艱苦奮鬥之階段，其成功實非倖致，為供官兵及學校員生研讀起見，已令飭戰史編纂委員會，將該項戰史作簡明而有系統之編纂，俾供教材之用。

第三款　世界大戰史

一、選譯美國版穆勒氏著第二次世界大戰史，由高級編審官主持，二處派員協力，集十餘人之力，於本年年底大體完成，俟詳加審核後，即簽請付印。

二、第二次世界大戰大事記，分國內國外戰場，為上下兩冊，參考有關資料，整理編纂完成，經奉准付印五千冊。

三、第二次世界大戰紀要及所見，經整理編纂完竣，現正修改中。

四、第二次世界大戰圖解簡史，於十月竣事，呈請核印，已核准印一萬冊。

五、馬歇爾元帥第二次世界大戰報告書簡編，依據原文及譯文，摘其精華作有系統之敘述，使讀者易於明瞭，經編譯完善，付印一萬冊。

六、選譯德國版第一次世界大戰史綱要，備供參考與借鏡。

第四節　軍事史之編纂

以往對於軍事史頗多忽視，因之各機關部隊學校本身之史蹟，類皆未能保全，亦乏詳細記載，今後必須積極改進，對於各軍事單位之史實，均規定詳細記載，為將來詳加檢討之根據，並參照各國情勢，以定今後改進之途徑，及發展之趨勢。

軍事史之工作重心為沿革史、年度工作報告書、每月大事記及專題報告等，均有規定之格式，由各單位按實呈報，以作史料。

本部政績報告，依本部執掌劃分，敘述施政概略情形而編成之，經呈送行政院轉國府文官處，印發國大代表。

編纂國軍軍政史略，敘述簡明之史實，以供一般軍官閱讀及業務連繫之用，經簽請付印中。

抗戰八年軍事概況，於十月間完成，經核印發國大代表。

編擬國防部改組紀要中舊機構之檢討，業於九月七日完成。

第五節　國防史之編纂

一、國防年鑑之編纂，先擬編纂方法，並擬訂細目，經多次之改正研討，始行決定，分配多數人員，負責各章節之編纂，各項資料，根據卅五年度國防年鑑資料徵集辦法，分向各有關單位蒐集，積極進行，預定於卅六年二月底，完成初稿。

二、撰擬國父之國防思想，係八月下旬奉交辦理，先行擬妥要目呈准後，著手編纂，於十二月底全部脫稿。

三、編纂國防綱要，先行擬定要目後，經改稱為國防綱領，要目雖經確定，但以材料缺乏，尚未積極編纂。

第六節　國防學術書刊之編譯

第一款　編纂之書刊

一、步砲戰工飛機協同作戰要領，為前軍令部未完成之業務，經續編完竣移二廳付印，嗣後移三廳辦理。

二、研究美國退伍軍人福利及其結果，經列表呈核，並奉批印發各單位參考。

三、調製蘇聯國防政策概見圖，業奉核准交二廳付印，頒發各有關機關參考。

四、對華北奸匪地道網之對策，經於九月編竣。

五、剿匪戰術奉次長劉指示編擬，於八月間完竣。

六、剿匪手本奉指示修改完畢，呈准付印五萬冊。

七、剿匪基本工作之實施要領，經已編纂完畢，呈准付印。

八、匪軍戰術之研究及對策，奉指示編纂，准予付印八千冊。

第二款　譯述之書刊

一、日本內幕及戰時經濟學二書，原由國防部研究院譯出，經該局接收，予以審核校正後，奉准由坊間出版，正交書局承印中。

二、利比亞戰役、挪威戰役、中東戰役、日本登陸作戰，及軍事領導心理等譯稿六種，經加審核後，准予付印。

三、蘇聯國境築城情報紀錄，為日本參謀本部根據關東軍所蒐集之情報編成，以供一般將校教育訓練上之參考，經摘譯准予付印。

四、東蘇蘇軍後方準備調查書兩卷，為日本陸軍部所調製，依後方補給之能力，判斷蘇軍對日作戰時，可能使用之兵力，並敘述東蘇人員物資補給輸送之能力，以供高級司令部戰時之參考，全書經譯出准予付印。

第七節　史料之蒐集

根據史政業務處理綱要及累次所頒各項法規，對於各單位及全國各地方政府人民所呈各項史料，須作有計劃有系統之蒐集與保存，方可運用得宜而不致零亂。

史料蒐集之方法，除各定期呈報之文件，由各單位按時呈出外，對特需之資料，則隨時洽送或逕派員前往各單位面取，以期迅速確實，有關全國性者，則於全國各大都市登載報章徵求，半年以來，所得之資料甚夥，均經分門別類，予以登記審查，存備編纂參考。

第一款　抗戰史料

一、訂定章則，使機關學校及作戰部隊加緊補編各項史料，並徵求參與作戰之個人回憶錄、自傳、日記、忠勤行略及忠列錄等，此項資料已蒐集二百五十五件。

二、在南京、北平、長春、重慶、武漢、廣州、蘭州等地登載報紙，徵集抗戰史料，經已收到圖片四十張、文件三十件、書籍一百一十五冊、資料七百廿三件、珍貴史料五類及其他三十件。

三、有關戰史資料轉送戰史編纂委員會利用，共轉送二七三件。

第二款　綏靖史料

一、擬具蒐集辦法，請各行轅、各綏靖公署、各長官部，並轉飭所屬，按期繳報。

二、由各綏靖機關部隊，於每次作戰終了時，編報必要之完件或報告。

三、綏靖資料經已收到圖片七件、資料五百四十八件。

第三款　軍事史料

一、關於復員工作軍事設施，由各主辦及實施機關編報，其未竣各事項，亦定期編報，以期保存必要之史實。

二、凡本部各單位之大事記、工作月報及各項會議紀錄等，均訂定辦法，請按期檢送，該局作業為本部史實之根據，已收到圖書六十四件、資料五百八十三件。

三、中央各軍事機關過時之檔案均移該局備充史料，計已到二百零二箱。

第四款　國防史料

一、對於各種國防參考圖書，一面調查本部各單位現存之目錄，一面向外間徵購，以供編纂時之參考。

二、對各省市縣之文獻及地方誌，普遍行文徵集，以求完備。

三、對國外之資料，不論關於中國或各國國防方面者，均儘量蒐購且趁各駐外武官返國述職之便，由史料局約開座談會，商討國外史政情形，及史料蒐集之辦法，並分別委託代為蒐集或選購。

四、截至本年底，已蒐集購置之圖書其數量如次：辭典廿七部、史籍一百七十冊、法制類二十九冊、國防軍事類二百八十一冊、國際問題類一千二百八十六冊，蘇聯問題類四十四冊、雜誌專刊類四百一十五冊、史料類九百九十一冊。

第五款　代徵史料

一、本年五月間，前軍政部祕書室，曾准美國駐華陸軍司令麥可魯中將函，為美國胡佛圖書館徵集有關中國革命及抗戰史料，本部改組後，該案交由史料局辦理，乃將該項備忘錄譯印檢送各有關機關，請其將抗戰革命過程中，凡可記載及有價值之文物與個人收集之珍貴史料，逕送史料局轉交，截至年底止，已蒐得圖書四百五十餘件，及文物若干，經分批交由該館駐華代表收轉。

二、受比利時政府博物院之請托，代為徵集抗戰文物史料，已分函各有關方面檢送，俟收到相當數量，再行轉送。

第八節　史料圖書之管理及研究

第一款　史料圖書之管理

本部圖書館受史料局指導，係管理本部已有之一般性與史料性之圖書，對新出版或有參考價值之圖書，均予蒐購充實，以提高本部官兵閱讀興趣，增進一般知識，現有圖書共三萬餘冊，連同各單位藏書約十餘萬冊。

第二款　資料之研究

一、資料整理之際，即分類研究，其能獲得結果者，製成圖表或文輯，計已調製完妥者，有西康夷族概況圖、新疆農田水利概況圖、抗戰期間國內主要航道整理工程一覽圖、十五年來交通狀況有關圖表等。

二、利用整理之資料，彙編主席勝利週年文告、國內外之反響、一九四六年美國之政潮起伏、神祕之蘇聯、戰後日本一年來之中共言論，及共產國際之活動線等。

第九章　預算局

第一節　年度預算

第一款　卅五年度下半年追加預算

卅五年度軍費概算編製時，適抗戰甫告勝利，故各項經費極為緊縮，嗣因綏靖工作，仍甚緊張，故各費均不敷用，迭據各機關請求追加預算，自七月份起至年底止，共呈奉核准追加三十三案，計國幣三八〇、六四三、六三六、四三〇元，流通券四八〇、〇〇〇、〇〇〇元，美金二七〇萬元。

第二款　編製卅六年度軍費概算

卅六年度軍費概算，據各機關初編資料彙計，共需十三萬億元，經遵照施政方針，與卅五年度九月份之物價，及陸海空軍給與核列七萬三千餘億元，依法呈送，現經國防最高委員會核定，全年度軍費三、三七四、二六七、一七〇、〇〇〇元。另奉准復員經費一萬二千億元，至所需各項實物，如軍糧、軍鹽、副食、服裝、燃料、交通器材等，並經編列實物預算，呈奉主席核准，交行政院照發，此為軍事部份編呈奉准實物預算之創始。

第二節　分配預算

為使各單位預算分配合理，調節有度，經確立以分配適切，杜絕浮濫，把握時效，為核頒分配預算原則，經半年度實施以來，對於分配預算之核定，無不一本合理分配原則嚴密審核，並切實分別案情緩急輕重及時處理，凡浮報預算濫自挪支習慣，務期日漸蠲除，雖未能達理想目標，亦著相當成效，惟承辦分配預算之人數，比以往縮減過多，案件復比前倍增，難於辦理盡臻完善也。

第三節　預算執行之監查

關於現計審查與預算執行之檢查，及營繕購製之監視等項，除本部各單位部份業務經常進行外，至其他各地區機關部隊學校，因各階層預算機構尚未建立，仍由各地會計分處暫為兼辦，此外並經舉辦物價調查，惟分支機構尚未設立，人員有限，只能就南京市區內物價先行調查，以八月份物價為基數，按月編製物價指數，茲將南京卅五年九月至十二月物價指數列表如附表二六。

附表二六　南京市物價指數

三十五年九月至十二月

類別	物品項數	九月份指數	十月份指數	十一月份指數	十二月份指數
主副食品類	26	11%	21%	27%	40%
燃料類	12	31%	36%	53%	68%
文具紙張類	44	6%	20%	36%	90%
印刷類	18	30%	50%	75%	105%
陣營具類	34	6%	9%	14%	30%
五金電器類	71	17%	25%	30%	50%
被服裝具類	34	51%	62%	68%	115%
衛生器材類	14	5%	9%	18%	23%
建築類	17	20%	53%	115%	128%
租傭工價類	20	8%	13%	15%	21%
日用品類	16	14%	23%	24%	27%
其他	15	5%	548%	550%	558%
合計		17%	36%	57%	86%

備考
基期卅五年八月為一〇〇。

第四節　統計

統計資料為編審預算之重要參考，惟對於統計業務，尚無專設人員辦理，僅就原有職員指定二人承辦，茲經製就歷年軍費預算統計、全國陸海空軍官兵階級人數統計暨歷年各類給與統計等，此後為充實統計業務則設置機構（如統計室或科）與增派專才，將為業務所必需。

第五節　審擬法規章制

第一款　修訂預算科目

軍費預算科目沿用已久，因軍事機構調整及實施實物補給，致舊科目已不適用，經根據現實情況，斟酌目前需要，予以擬訂，計分行政經費、物品補給經費、一般業務費、特種業務費、建設事業費五大項，再各分明細科目，如此分類編擬，比以往適當，且便於統計，各單位執行亦較便利。

第二款　擬頒預算法規

關於卅五年度軍費如何結算，卅六年度軍費如何分配核撥，以及軍需物資如何處理，均待具體規定，爰擬定卅五年度預算軍費執行結報辦法、卅六年度軍費預算分配編審核撥辦法、軍用物資處理辦法頒行，依照軍費預算編審核撥辦法之所定，軍費由部統籌支配，不由各機關經營，以便挹盈注虧移餘補絀，可收靈活運用之效，至分配預算表式，則改用橫式，以算學方法計算，不再含糊籠統空擬虛構之敘述。

民國史料 081

移植與蛻變——國防部一九四六工作報告書（一）

Transplantation and Metamorphosis: Ministry of National Defense Annual Report,1946 - Section I

主　　編　陳佑慎
總 編 輯　陳新林、呂芳上
執行編輯　林弘毅
封面設計　溫心忻
排　　版　溫心忻
助理編輯　王永輝

出　　版　開源書局出版有限公司
香港金鐘夏慤道 18 號海富中心
1 座 26 樓 06 室
TEL：+852-35860995

民國歷史文化學社 有限公司
10646 台北市大安區羅斯福路三段
37 號 7 樓之 1
TEL：+886-2-2369-6912
FAX：+886-2-2369-6990

http://www.rchcs.com.tw

初版一刷　2023 年 5 月 31 日
定　　價　新台幣 400 元
港　幣 110 元
美　元　15 元
I S B N　978-626-7157-87-9
印　　刷　長達印刷有限公司
台北市西園路二段 50 巷 4 弄 21 號
TEL：+886-2-2304-0488

國家圖書館出版品預行編目 (CIP) 資料
移植與蛻變 : 國防部一九四六工作報告書 = Transplantation and metamorphosis : Ministry of National Defense annual report, 1946/ 陳佑慎主編 . -- 初版 . -- 臺北市 : 民國歷史文化學社有限公司 , 2023.05

冊 ;　公分 . -- (民國史料 ; 81-83)

ISBN　978-626-7157-87-9　(第 1 冊 : 平裝). --
ISBN　978-626-7157-88-6　(第 2 冊 : 平裝). --
ISBN　978-626-7157-89-3　(第 3 冊 : 平裝)

1.CST: 國防部　2.CST: 軍事行政
591.22　　112007997